U0318079

建筑安装工程
施工组织与管理

主 编 方 菁 蒋 瑛

副主编 覃如琼 韦 刚

知识产权出版社

全国百佳图书出版单位

—北京—

图书在版编目（CIP）数据

建筑安装工程施工组织与管理/方菁，蒋瑛主编. —北京：知识产权出版社，2021.3
ISBN 978-7-5130-7418-6

Ⅰ.①建… Ⅱ.①方… ②蒋… Ⅲ.①建筑安装—施工组织—高等职业教育—教材②建筑安装—施工管理—高等职业教育—教材 Ⅳ.①TU758

中国版本图书馆 CIP 数据核字（2021）第 022990 号

责任编辑：李　潇　张　冰　　　　　　　　责任校对：谷　洋

封面设计：杰意飞扬·张　悦　　　　　　　责任印制：刘译文

建筑安装工程施工组织与管理
主　编　方　菁　蒋　瑛
副主编　覃如琼　韦　刚

出版发行：	知识产权出版社 有限责任公司	网　　址：	http：//www.ipph.cn
社　　址：	北京市海淀区气象路 50 号院	邮　　编：	100081
责编电话：	010-82000860 转 8024	责编邮箱：	740666854@qq.com
发行电话：	010-82000860 转 8101/8102	发行传真：	010-82005070/82000893
印　　刷：	三河市国英印务有限公司	经　　销：	各大网上书店、新华书店及相关专业书店
开　　本：	787mm×1092mm　1/16	印　　张：	12
版　　次：	2021 年 3 月第 1 版	印　　次：	2021 年 3 月第 1 次印刷
字　　数：	292 千字	定　　价：	49.00 元

ISBN 978-7-5130-7418-6

本书编委会

主　　编：方　菁　蒋　瑛
副主编：覃如琼　韦　刚
编　　辑：曹国秀　杨文婷
顾　　问：方德均

前言

　　"建筑安装工程施工组织与管理"是培养建筑给水排水、电气、消防、通风空调工程等建筑安装专业人才的主干课程之一，是实践性很强的学科。

　　建筑安装工程是指与建筑物的使用功能相配套的机电设备和水暖电气及其控制系统（包括给水排水系统、消防系统、通风空调系统等），以及通信系统、智能化系统和保安系统工程的安装施工与调试。

　　建筑安装工程施工是工程建设的最后一个重要阶段，它介于土建施工与投产运行之间，是工程建设通向生产、发挥经济效益的桥梁。建筑安装工程质量的好坏，不仅关系到整个建筑产品的质量，更重要的是它直接影响民用建筑物的使用和安全功能的发挥，影响人民生命和财产的安全。

　　随着建筑业的迅速发展，作为工程项目重要组成部分的安装工程规模越来越大，安装工程的项目管理也越来越重要，需要大量具有安装工程管理能力的高素质技能型人才。本书主要围绕建筑安装工程施工员职业岗位能力组织编写，以建筑安装工程工作过程中的真实工作任务为依据，按照建筑安装项目的职业岗位工作任务设计课程教学方案，打破传统理论教学模式，构建以施工员职业岗位工作能力为导向的教学模块结构。通过分析典型工作任务的工作过程，以完成一个完整的项目为主要内容组织教学，使学生掌握建筑安装各专业的施工现场各工序以及各分项工程、分部工程及单位工程的管理内容、方法和要点。

本书依据"高职高专建筑设备安装工程专业人才培养方案"中的"专业知识结构"的标准、要求，根据高职高专院校的特点，积极探索以实践能力考核为主的课程评价方法，切实提高学生的职业能力和就业竞争力，采用项目教学与案例分析教学相结合的方式进行课程设计，通过教学、实作、实训活动，使学生能够掌握本行业相应的新知识、新技术和新工艺，并具备较强的实践能力和分析、解决生产实际问题的能力。

目 录

第1章 绪 论

◇教学目标
- 了解施工组织与管理的基本概念。
- 了解工程动态管理的内涵。
- 熟悉建筑安装工程的特点。
- 掌握建设项目的划分。

章节导读

　　建筑安装工程包括给水排水、消防、采暖、电气、电梯、通风与空调等专业。建筑安装工程施工组织与管理，是针对这种多专业、高技术的特点，研究将投入项目施工中的各种资源（如人力、材料、机械和资金等）合理有效地组织起来，寻求最佳施工方案，通过一系列的组织、策划、激励、沟通、控制等专业活动，使项目施工有条不紊地进行，从而实现质量、成本和工期的既定目标。

　　建筑安装工程涉及面广，包括了多个行业和不同的专业，是一个极其复杂的综合的系统工程。建筑安装工程是工程建设的最后一个重要阶段，在民用工程中，它直接影响工程产品的使用和安全功能，影响人们生命和财产的安全。

1.1 施工组织概述

1.1.1 基本概念

　　在建筑安装工程领域中，"施工组织"既可作为动词，又可作为名词。

　　作为动词，"施工组织"指根据批准的建设计划、设计文件（施工图）和工程承包合同，对土建工程任务从开工到竣工交付使用所进行的计划、组织、控制等活动。

　　作为名词，"施工组织"是"施工组织机构"的简称，泛指具有法人资格的、专业化的施工企业，这类企业拥有一支稳定的专业技术骨干和施工队伍，能够承接相应的各类建筑安装工程。具体到一个工程项目，这类施工企业要根据工程项目的规模、特点和复杂程度，组建一个专业化的"项目管理组织机构"，对工程项目组织、开展具体的实施活动。

　　如何选定项目管理组织机构负责人，即项目经理，是施工组织的重要课题，它关系到工程项目实施的成功与否。同时，项目经理还要将参与工程项目的管理人员和技术工人凝聚成一支战斗力很强的一线团队并高效地投入生产作业中去，使工程项目目标得以顺利实现。

　　因此，施工组织是工程项目实施的指挥中枢，是各种规章制度和管理措施落实的根本保证，是各种矛盾沟通和协调的重要桥梁。

1.1.2　主要任务

认真学习和掌握国家关于基本建设的各项法律、法规、政策和方针。

（1）研究和贯彻基本建设程序和国家各种技术标准、施工规范等。

（2）认真研究招标文件，从经营战略高度作出投标决策；编制既有盈利又有竞争力和有望中标的投标书。

（3）研究和掌握现代化的施工组织的优化理论、流水施工、网络技术和计算工具。

（4）研究和建立有效的激励机制，建立专业人才队伍，充分发挥广大员工的主观能动性和协调精神。

（5）认真研究和掌握沟通与协调艺术，这是施工组织的软实力，其作用和意义是难以估量的。

1.1.3　建设项目划分

按一个总体设计组织施工，建成后具有完整的系统，可以独立地形成生产能力或使用价值的建设工程，称为基本建设项目，简称建设项目，如一所学校、一所医院、一座工厂或较大的住宅小区等。

一般情况下，一个建设项目由单项工程（又称工程项目）、单位工程、分部工程和分项工程组成。建设项目、建设工程的划分分别如图 1.1 和图 1.2 所示。

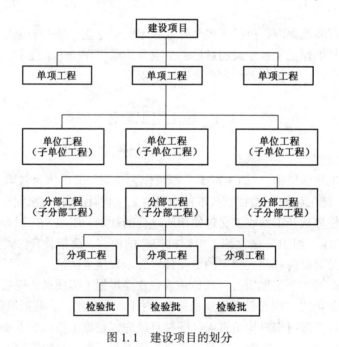

图 1.1　建设项目的划分

1.1.3.1　单项工程

单项工程是构成建设项目的基本单位。一个建设项目，可以是一个单项工程，也可以包括多个单项工程。单项工程指具有独立的设计文件、独立概算、在竣工后能独立发挥设计规定的生产能力和效益的工程，如独立的生产车间、实验楼、图书馆或住宅楼等。

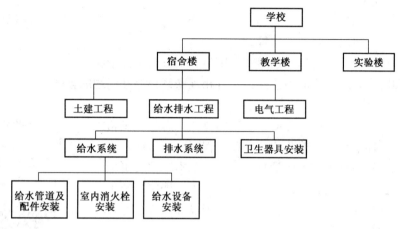

图 1.2　建设工程的划分

1.1.3.2　单位工程

单位工程是单项工程的组成部分，是具有独立的施工图设计，具备独立施工条件，但完工后不能独立发挥生产能力或效益的工程。建筑规模较大的单体工程和具有综合使用功能的综合性建筑物工程可被划分为若干个子单位工程进行验收，例如，单项工程住宅楼可以分为土建、电气照明和给水排水等单位工程。

单位工程的划分应按下列原则确定：

（1）具备独立施工条件并能形成独立使用功能的建筑物及构筑物为一个单位工程。

（2）规模较大的单位工程，可将其能形成独立使用功能的部分划分为一个子单位工程。子单位工程的划分一般可根据工程的建筑设计分区、使用功能的显著差异、结构缝的设置等实际情况，在施工前由建设、监理、施工单位自行商定，并据此收集、整理施工技术资料和验收。

（3）室外工程可根据专业类别和工程规模划分单位（子单位）工程。

1.1.3.3　分部工程

分部工程是单位工程的组成部分，是按单位工程的专业性质、建筑部位划分的。一般一栋房屋的土建单位工程，按其结构或构造部位，可以划分为地基与基础、主体结构、建筑屋面、建筑装饰装修等分部工程；安装可分为建筑给水排水及采暖、通风与空调、建筑电气、智能建筑、建筑节能和电梯等分部工程。

分部工程的划分应按下列原则确定：

（1）分部工程的划分应按专业性质、建筑部位确定。例如，建筑工程划分为地基与基础、主体结构、建筑屋面、建筑装饰装修、建筑给水排水及采暖、通风与空调、建筑电气、智能建筑、建筑节能、电梯十个分部工程。

（2）当分部工程较大或较复杂时，可按施工程序、专业系统及类别等划分为若干个子分部工程。例如，智能建筑分部工程包含了火灾及报警消防联动系统、安全防范系统、综合布线系统、智能化集成系统、电源与接地、环境、住宅（小区）智能化系统等子分部工程。

1.1.3.4 分项工程

分项工程是分部工程的组成部分，一般是按主要工种和施工工艺等进行划分，如挖土、填土、混凝土垫层、管道安装等。

分项工程也称为施工过程，是用工、用料和机械台班计量的基本单元。

分项工程既有施工作业的独立性，又有相互联系、相互制约的整体性。

1.1.3.5 检验批

检验批是按同一的生产条件或按规定的方式汇总起来供检验，由一定数量样本组成的检验体。分项工程可由一个或若干个检验批组成，检验批是施工质量验收的最小基本单位，可根据施工、质量控制和专业验收的需要，按工程量、楼层、施工段、变形缝等进行划分。安装工程一般按一个设计系统或组别划分为一个检验批。

延伸阅读：
《建筑工程施工质量
验收统一标准》
（GB 50300—2013）

建筑工程分部（子分部）工程、分项工程的具体划分见《建筑工程施工质量验收统一标准》（GB 50300—2013）附录 B。

1.2 施工管理概述

1.2.1 基本概念

建筑安装工程同土建工程一样，涉及面广，针对的目标多，专业技能要求高。凡是与安装工程施工沾边的大大小小的问题，都是施工管理的范畴。

建筑安装工程从开始至完成，应运用科学的方法和手段，建立行之有效的规章制度，明确管理人员的职责，编制施工组织设计和施工方案，通过策划、组织、实施、控制和调整，将一些基本资源加以整合和运作，以使项目的质量目标、进度目标和成本目标等圆满实现。

目标是前提，实现是目的，这就是施工管理的唯一任务。

1.2.2 施工组织与施工管理的关系

施工组织与施工管理是一个不可分割的整体。施工组织为施工管理提供了指挥中枢和动力；施工管理为施工组织提供了完成目标的工具和手段。没有专业化的管理制度，项目管理无从谈起；有了施工组织，制度的落实才能有保证，目标才能得以实现。有人形象地比喻：专业化的管理制度是项目管理的血和肉，专业管理人员是项目管理的灵魂。两者相依相存，缺一不可，但主次关系是很明确的。

1.2.3 动态管理内涵

动态管理属于施工管理的范畴，是一种现代管理的方法。通过对工程项目策划、实施、控制和协调，反复循环，一步一步接近目标，是一种适时的管理活动。

一个工程项目在漫长的实施过程中，加上技术的复杂性，不可避免地会出现这样或那样的问题，如设计变更、法规修订、环境变化和突发事件等。传统的管理方法往往"头痛医头，脚痛医脚"，实施过程是被动的。动态调控管理模式克服了这些缺点。

动态管理坚持"计划、实施、检查、处理"（PDCA）循环管理工作方法，它涵盖了事前控制、事中控制、事后控制各个方面。目前，这一管理方法在工程项目管理中普遍得到认同和推广。

1.2.4　工程项目管理内涵

项目管理是施工管理的一种全新方法，也是施工组织体制上的一项重大变革。作为近年来发展起来的一种现代化的管理模式，是项目管理运用系统的观点、理论和方法，对工程项目进行计划、组织、实施、协调和控制等专业化活动。

建设工程项目管理的内涵是：自项目开始至项目完成，通过项目策划和项目控制，使项目的费用目标、进度目标和质量目标得到实现。项目管理按建设工程参与方划分，包括业主方的项目管理、设计方的项目管理、施工方的项目管理以及物资供货方的项目管理等。

施工项目管理是一线管理，或称现场管理。由于受工程项目的目标和时间的制约，是一种约束力很强的管理，也是一次性的管理，结果是不可逆转的，一旦出现失误，难有纠正的机会。

施工项目管理的三项核心内容是：成本控制、进度控制和质量控制。

目前，施工项目管理普遍推行和实施项目经理责任制。项目经理责任制是以项目经理为责任主体的施工项目管理目标责任制度，用以确保项目履约，确立项目经理部与企业、职工三者之间的责、权、利关系。

项目经理责任制是以施工项目为对象，以项目经理全面负责为前提，以"项目管理目标责任书"为依据，以创优工程为目标，以最佳社会和经济效益为目的，实行从施工项目开工到竣工验收的一次性全过程管理。这也是项目管理区别于其他管理模式的显著特点。

因此项目经理不但专业水平要强，管理素质也要高，要善于将管理人员和施工队伍团结成一个整体，调动和发挥大家的主观能动性，对工程项目进行科学管理、文明施工，使投入项目施工中的人力和物力能最大限度地发挥作用，使施工有条不紊地进行，对施工过程中出现的问题，能稳妥及时地处理，使各项目标得以顺利实现。

施工项目管理按需要可分为施工项目管理规划大纲和施工项目管理实施规划两类。规划大纲是由企业管理层在投标之前编制的旨在作为投标依据、满足招标文件要求及签订合同要求的文件。实施规划是在开工前，由项目经理主持编制的，旨在指导项目经理实施阶段管理的文件。实施规划依据规划大纲进行编制，对规划大纲确定的目标和决策做出更具体的安排，以指导实施阶段的项目管理。（具体内容详见第 2 章）

1.3　建筑安装工程的特点

建筑安装工程的特点主要有以下几方面：

（1）产品固定，人员流动。这一特点，与土建工程一样。工程项目一旦动工，其产品就在原地固定不动，生产人员围绕其进行各种生产活动。当工程项目或分部分项工程完成时，生产人员随之流动到其他工作面或工地。

（2）工程批量小，施工周期短。这一特点与土建工程有显著不同。土建工程体量大，施工周期长，持续时间短的几个月，长的三五年。与土建工程相比，建筑安装工程的工程批量和施工周期，就显得小和短了。

（3）专业性强，技术要求高。技术和质量要求复杂、严格，专业性强，技术含量高，是建筑安装工程的显著特点。要求技术工人具备较高的文化素质和独当一面的专业操作能力。

（4）测试工序严格、复杂。建筑安装工程各种专业的特殊性和对安全的严格要求，使得每道工序或分项、分部工程完成后，都要进行严格的测试，以确保工程的质量和安全。

（5）单一性和不可重复性。建筑安装工程与土建工程一样，不同工程的地点、环境、规模和形态具有差异性，决定了建筑安装产品只能单体生产，不像工业产品，能批量生产、重复生产。

（6）材料、配件单位价值高。建筑安装工程的材料、配件的单位价值较高。使用保管不善，容易遗失损坏，造成很大的浪费，对降低成本带来较大影响。

（7）全局观点。建筑安装工程施工在时间和空间上，有时会与土建施工形成交叉作业；各专业施工之间、本专业内部也会出现较多的交叉作业，不尽如人意的情况时有发生，所以，要求参与作业的人员要放眼全局，重视质量，主动和其他各专业沟通与协调，共同爱护已完成的产品。

由于以上这些特点，建筑安装工程项目在施工组织与施工管理上，要有很强的针对性和具体的实施方案。在编制施工组织设计时，要统筹考虑，合理安排，实现作业时间和空间的最佳利用，使工程得以连续、均衡、顺利地进行。

本 章 小 结

本章主要介绍了施工组织与管理的基本概念，阐述了动态管理及项目管理的基本内涵，叙述了建设项目的划分和建设安装工程的特点。

思 考 题

1.1 简述施工组织的研究对象和任务。

1.2 简述施工组织与施工管理的关系。

1.3 何为基本建设项目？一般情况下基本建设项目由哪些工程内容组成？

1.4 简述工程动态管理的基本内涵。

1.5 简述项目经理责任制的含义。

知识链接

建筑工程分部（子分部）工程、分项工程的具体划分见《建筑工程施工质量验收统一标准》（GB 50300—2013），如表 1.1 所示。

表 1.1　建筑工程分部（子分部）工程、分项工程划分

序号	分部工程	子分部工程	分项工程
5	建筑给水排水及采暖	室内给水系统	给水管道及配件安装，给水设备安装，室内消火栓系统安装，消防喷淋系统安装，防腐，绝热，管道冲洗、消毒，试验与调试
		室内排水系统	排水管道及配件安装，雨水管道及配件安装，防腐，试验与调试
		室内热水系统	管道及配件安装，辅助设备安装，防腐，绝热，试验与调试
		卫生器具安装	卫生器具安装，卫生器具给水配件安装，卫生器具排水管道安装，试验与调试
		室内供暖系统	管道及配件安装，辅助设备安装，散热器安装，低温热水地板辐射供暖系统安装，电加热供暖系统安装，燃气红外辐射供暖系统安装，热风供暖系统安装，热计量及调控装置安装，试验与调试，防腐，绝热
		室外给水管网	给水管道安装，室外消火栓系统安装，试验与调试
		室外排水管网	排水管道安装，排水管沟与井池，试验与调试
		室外供热管网	管道及配件安装，系统水压试验，土建结构，防腐，绝热，试验与调试
		建筑饮用水供水系统	管道及配件安装，水处理设备及控制设施安装，防腐，绝热，试验与调试
		建筑中水系统及雨水利用系统	建筑中水系统、雨水利用系统管道及配件安装，水处理设备及控制设施安装，防腐，绝热，试验与调试
		游泳池及公共浴室水系统	管道及配件安装，水处理设备及控制设施安装，防腐，绝热，试验与调试
		水景喷泉系统	管道系统及配件安装，防腐，绝热，试验与调试
		热源及辅助设备	锅炉安装，辅助设备及管道安装，安全附件安装，换热站安装，防腐，绝热，试验与调试
		监测与控制仪表	检测仪器及仪表安装，试验与调试
6	通风与空调	送风系统	风管与配件制作，部件制作，风管系统安装，风机与空气处理设备安装，风管与设备防腐，旋流风口、岗位送风口、织物（布）风管安装，系统调试

序号	分部工程	子分部工程	分项工程
6	通风与空调	排风系统	风管与配件制作，部件制作，风管系统安装，风机与空气处理设备安装，风管与设备防腐，吸风罩及其他空气处理设备安装，厨房、卫生间排风系统安装，系统调试
		防排烟系统	风管与配件制作，部件制作，风管系统安装，风机与空气处理设备安装，风管与设备防腐，排烟风阀（口）、常闭正压风口、防火风管安装，系统调试
		除尘系统	风管与配件制作，部件制作，风管系统安装，风机与空气处理设备安装，风管与设备防腐，除尘器与排污设备安装，吸尘罩安装，高温风管绝热，系统调试
		舒适性空调系统	风管与配件制作，部件制作，风管系统安装，风机与空气处理设备安装，风管与设备防腐，组合式空调机组安装，消声器、静电除尘器、换热器、紫外线灭菌器等设备安装，风机盘管、变风量与定风量送风装置、射流喷口等末端设备安装，风管与设备绝热，系统调试
		恒温恒湿空调系统	风管与配件制作，部件制作，风管系统安装，风机与空气处理设备安装，风管与设备防腐，组合式空调机组安装，电加热器、加湿器等设备安装，精密空调机组安装，风管与设备绝热，系统调试
		净化空调系统	风管与配件制作，部件制作，风管系统安装，风机与空气处理设备安装，风管与设备防腐，净化空调机组安装，消声器、静电除尘器、换热器、紫外线灭菌器等设备安装，中、高效过滤器及风机过滤器单元等末端设备清洗与安装，洁净度测试，风管与设备绝热，系统调试
		地下人防通风系统	风管与配件制作，部件制作，风管系统安装，风机与空气处理设备安装，风管与设备防腐，过滤吸收器、防爆波活门、防爆超压排气活门等专业设备安装，系统调试
		真空吸尘系统	风管与配件制作，部件制作，风管系统安装，风机与空气处理设备安装，风管与设备防腐，管道安装，快速接口安装，风机与滤尘设备安装，系统压力试验及调试
		冷凝水系统	管道系统及部件安装，水泵及附属设备安装，管道冲洗，管道、设备防腐，板式热交换器，辐射板及辐射供热、供冷地埋管，热泵机组设备安装，管道、设备绝热，系统压力试验及调试
		空调（冷、热）水系统	管道系统及部件安装，水泵及附属设备安装，管道冲洗，管道、设备防腐，冷却塔与水处理设备安装，防冻伴热设备安装，管道、设备绝热，系统压力试验及调试
		冷却水系统	管道系统及部件安装，水泵及附属设备安装，管道冲洗，管道、设备防腐，系统灌水渗漏及排放试验，管道、设备绝热

序号	分部工程	子分部工程	分项工程
6	通风与空调	土壤源热泵换热系统	管道系统及部件安装，水泵及附属设备安装，管道冲洗，管道、设备防腐，埋地换热系统与管网安装，管道、设备绝热，系统压力试验及调试
		水源热泵换热系统	管道系统及部件安装，水泵及附属设备安装，管道冲洗，管道、设备防腐，地表水源换热管及管网安装，除垢设备安装，管道、设备绝热，系统压力试验及调试
		蓄能系统	管道系统及部件安装，水泵及附属设备安装，管道冲洗，管道、设备防腐，蓄水罐及蓄冰槽、罐安装，管道、设备绝热，系统压力试验及调试
		压缩式制冷（热）设备系统	制冷机组及附属设备安装，管道、设备防腐，制冷剂管道及部件安装，制冷剂灌注，管道、设备绝热，系统压力试验及调试
		吸收式制冷设备系统	制冷机组及附属设备安装，管道、设备防腐，系统真空试验，溴化锂溶液加罐，蒸汽管道系统安装，燃气或燃油设备安装，管道、设备绝热，试验及调试
		多联机（热泵）空调系统	室外机组安装，室内机组安装，制冷剂管路连接及控制开关安装，风管安装，冷凝水管道安装，制冷剂灌注，系统压力试验及调试
		太阳能供暖空调设备	太阳能集热器安装，其他辅助能源、换热设备安装，蓄能水箱、管道及配件安装，防腐，绝热，低温热水地板辐射采暖系统安装，系统压力试验及调试
		设备自控系统	温度、压力与流量传感器安装，执行机构安装调试，防排烟系统功能测试，自动控制及系统智能控制软件调试
7	建筑电气	室外电气	变压器、箱式变电所安装，成套配电柜、控制柜（屏、台）和动力、照明配电箱（盘）及控制柜安装，梯架、支架、托盘和槽盒安装，导管敷设，电缆敷设，管内穿线和槽盒内敷线，电缆头制作、导线连接和线路绝缘测试，普通灯具安装，专用灯具安装，建筑照明通电，试运行，接地装置安装
		变配电室	变压器、箱式变电所安装，成套配电柜、控制柜（屏、台）和动力、照明配电箱（盘）安装，母线槽安装，梯架、支架、托盘和槽盒安装，电缆敷设，电缆头制作、导线连接和线路绝缘测试，接地装置安装，接地干线敷设
		供电干线	电气设备试验和试运行，母线槽安装，梯架、支架、托盘和槽盒安装，导管敷设，电缆敷设，管内穿线和槽盒内敷线，电缆头制作、导线连接和线路绝缘测试，接地干线敷设
		电气动力	成套配电柜、控制柜（屏、台）和动力配电箱（盘）安装，电动机、电加热器及电动执行机构检查接线，电气设备试验和试运行，梯架、支架、托盘和槽盒安装，导管敷设，电缆敷设，管内穿线和槽盒内敷线，电缆头制作、导线连接和线路绝缘测试

序号	分部工程	子分部工程	分项工程
7	建筑电气	电气照明	成套配电柜、控制柜（屏、台）和照明配电箱（盘）安装，梯架、支架、托盘和槽盒安装，导管敷设，管内穿线和槽盒内敷线，塑料护套线直敷布线，钢索配线，电缆头制作、导线连接和线路绝缘测试，普通灯具安装，专用灯具安装，开关、插座、风扇安装，建筑照明通电，试运行
		备用和不间断电源	成套配电柜、控制柜（屏、台）和动力、照明配电箱（盘）安装，柴油发电机组安装，不间断电源装置及应急电源装置安装，母线槽安装，导管敷设，电缆敷设，管内穿线和槽盒内敷线，电缆头制作、导线连接和线路绝缘测试，接地装置安装
		防雷及接地	接地装置安装，防雷引下线及接闪器安装，建筑物等电位连接，浪涌保护器安装
8	智能建筑	智能化集成系统	设备安装，软件安装，接口及系统调试，试运行
		信息接入系统	安装场地检查
		用户电话交换系统	线缆敷设，设备安装，软件安装，接口及系统调试，试运行
		信息网络系统	计算机网络设备安装，计算机网络软件安装，网络安全设备安装，网络安全软件安装，系统调试，试运行
		综合布线系统	梯架、托盘、槽盒和导管安装，线缆敷设，机柜、机架、配线架安装，信息插座安装，链路或信道测试，软件安装，系统调试，试运行
		移动通信室内信号覆盖系统	安装场地检查
		卫星通信系统	安装场地检查
		有线电视及卫星电视接收系统	梯架、托盘、槽盒和导管安装，线缆敷设，设备安装，软件安装，系统调试，试运行
		公共广播系统	梯架、托盘、槽盒和导管安装，线缆敷设，设备安装，软件安装，系统调试，试运行
		会议系统	梯架、托盘、槽盒和导管安装，线缆敷设，设备安装，软件安装，系统调试，试运行
		信息导引及发布系统	梯架、托盘、槽盒和导管安装，线缆敷设，显示设备安装，机房设备安装、软件安装，系统调试，试运行
		时钟系统	梯架、托盘、槽盒和导管安装，线缆敷设，设备安装，软件安装，系统调试，试运行
		信息化应用系统	梯架、托盘、槽盒和导管安装，线缆敷设，设备安装，软件安装，系统调试，试运行
		建筑设备监控系统	梯架、托盘、槽盒和导管安装，线缆敷设，传感器安装，执行器安装，控制器、箱安装，中央管理工作站和操作分站设备安装，软件安装，系统调试，试运行

序号	分部工程	子分部工程	分项工程
8	智能建筑	火灾自动报警系统	梯架、托盘、槽盒和导管安装，线缆敷设，探测器类设备安装，控制器类设备安装，其他设备安装，软件安装，系统调试，试运行
		安全技术防范系统	梯架、托盘、槽盒和导管安装，线缆敷设，设备安装，软件安装，系统调试，试运行
		应急响应系统	设备安装，软件安装，系统调试，试运行
		机房	供配电系统，防雷与接地系统，空气调节系统，给水排水系统，综合布线系统，监控与全防范系统，消防系统，室内装饰装修，电磁屏蔽，系统调试，试运行
		防雷与接地	接地装置，接地线，等电位联结，屏蔽设施，电涌保护器，线缆敷设，系统调试，试运行
9	建筑节能	围护系统节能	墙体节能，幕墙节能，门窗节能，屋面节能，地面节能
		供暖空调设备及管网节能	供暖节能，通风与空调设备节能，空调与供暖系统冷热源节能，空调与供暖系统管网节能
		电气动力节能	配电节能，照明节能
		监控系统节能	监测系统节能，控制系统节能
		可再生能源	地源热泵系统节能，太阳能光热系统节能，太阳能光伏节能
10	电梯	电力驱动的曳引式或强制电梯	设备进场验收，土建交接检验，驱动主机，导轨，门系统，轿厢，对重，安全部件，悬挂装置，随行电缆，补偿装置，电气装置，整机安装验收
		液压电梯	设备进场验收，土建交接检验，液压系统，导轨，门系统，轿厢，对重，安全部件，悬挂装置，随行电缆，电气装置，整机安装验收
		自动扶梯、自动人行道	设备进场验收，土建交接检验，整机安装验收

第 2 章　施工组织与管理的基本知识

◇教学目标
- 了解施工组织设计的基本概念、作用、分类以及编制的依据、原则及程序。
- 熟悉施工组织的动态管理。
- 掌握施工组织的管理程序。
- 掌握施工组织设计的主要内容和编制技能。

章节导读

　　人们在建筑房屋时，总是要先想一想先做什么、后做什么、怎么做，例如，人工如何安排、材料怎么运输、现场怎么布置、安全如何保证、需要多少费用等。如果将这些想法加以合理的整理和归纳，形成文字图表，就是施工组织设计。

　　施工组织设计的思想，早在春秋时代就有记载，秦代修建万里长城，对城墙的长、宽、高，人工和材料，各地分担的任务，都计算得十分准确；对工程质量的验收标准，规定得非常严格和具体，例如，具体到在一定距离射箭，箭头不能入墙，才算合格。正因为如此，长城历经2000多年，仍然耸立在边关要塞。北宋真宗年间（公元998—1022年），皇城失火烧了皇宫，大臣丁谓领导修复，采用了"一举三得"的施工方案。该方案是先将宫前大街挖成沟，从沟中取土烧砖，免去从远处取土运砖之累；再将汴河之水引入沟，使船只可以装运各种物质；最后回填平沟，修复大街。这两个例证表明古代施工组织设计的巧思和先进。

2.1　施工组织设计概述

2.1.1　施工组织设计基本概念

　　施工组织设计是以施工项目为对象编制的，用以指导施工的技术、经济和管理方面的综合性文件。其策划内容涵盖了工程项目的人员、资源配置、施工进度、施工方法、质量、安全及文明施工、控制措施、经济分析等。它既要体现工程设计的意图，又要符合施工的客观规律和特点。科学的统筹、合理的安排，能够使工程施工连续、均衡、协调地进行。

　　施工组织设计的应用性相当强，便于工程技术人员把握和促进建筑安装工程的开展和圆满竣工。了解、掌握和运用施工组织设计，是工程技术人员的基本技能。

2.1.2　施工组织设计的作用

　　施工组织设计可以指导施工组织与管理、施工准备与实施、施工控制与协调等全方位的工作，是对施工活动全过程科学管理的主要手段。其作用具体表现在以下几方面：

　　（1）施工组织设计具有宏观部署和具体实施的双重作用。为各阶段的施工准备工作提供了可操作性的依据。

（2）施工组织设计根据项目的特点和施工的客观规律，科学、合理地拟订施工方案，确定施工顺序、劳动组织和技术措施，为紧凑、有条不紊地开展施工活动提供了全面的、指导性的意见。

（3）施工组织设计提出的各项资源配置计划，为组织材料、机具、设备和劳动力提供了详尽的数据。

（4）施工组织设计合理的施工现场平面布置，为安全、文明施工创造了条件。

（5）施工组织设计将项目设计与施工、技术与经济、全局与局部、土建与安装、各部门与各专业进行了有机结合和统一协调。

（6）施工组织设计对工程项目统筹安排、对风险和矛盾制定了具体对策，提高了预见性，减少了盲目性，为合理投入和产出创造了条件。

2.1.3 施工组织设计分类

施工组织设计是一个总的概念，针对工程项目的类别、工程的规模、编制的阶段、编制的对象、编制的范围、编制的深度和广度不同，有不同的分类。例如，一项目工程在投标前和投标后编制的施工组织设计是不同的，显著表现在深度和广度上。

2.1.3.1 按编制的对象分类

1. 施工组织总设计

施工组织总设计是以若干单位工程组成的群体或大型建设项目为对象编制的施工组织设计，是用以指导整个工程项目各项施工活动的全局性、控制性文件。它涉及的范围较广，内容比较概括。

施工组织总设计确定的建设总工期、各单位工程开展的顺序及工期、主要工程的施工方案、各种资源供需计划等，是施工单位编制年度施工计划和单位工程施工组织设计的依据。

2. 单位工程施工组织设计

以一个单位工程为主要对象编制的施工组织设计，是用以指导和实施单位工程施工全过程的制约性的文件，是施工组织总设计的具体化。

单位工程施工组织设计，根据工程规模、技术复杂程度，编制的深度和广度有所侧重，该繁则繁、该简则简，也可以用"一案、一表、一图"（即施工方案、施工进度计划表和现场施工平面布置图）来表达。

3. 分部分项工程施工组织设计（施工方案）

分部分项工程施工组织设计以分部（分项）工程为编制对象，用以实施分部分项工程各项施工活动的技术、经济和组织的控制性文件，也可称作施工方案。

施工组织总设计、单位工程施工组织设计和分部分项工程施工方案，是同一工程项目的不同广度、深度和作用的三个层次。本教材着重叙述单位工程施工组织设计，以下简称施工组织设计。

2.1.3.2 按阶段和作用分类

1. 标前施工组织设计

标前施工组织设计，也可称项目管理规划大纲，是为满足投标需要而制定的策划性的技术文件，是施工企业根据招标文件的要求和所提供的工程资料，结合本企业施工组织管理能力，考虑投标竞争因素，提出的总体构想和宏观方案。其中重点是技术方案、资源配置、施工程序、质量保证及工期目标等控制措施。同时，要突出技术方案的优势和特色，体现施工成本的优势，有力地支撑商务标书的竞争力。

标前施工组织设计既可用以指导项目投标和签订施工合同，也可作为项目管理实施规划或施工组织设计的编制依据。

2. 标后施工组织设计

标后施工组织设计也可称项目管理实施规划。由项目经理牵头，组织有关技术人员，根据施工合同及标前施工组织设计、施工图纸等相关文件，编制实施性的施工组织设计，经内部审核批准后，报监理单位审核确认，予以贯彻落实。

2.1.4　施工组织设计编制的依据

施工组织设计编制的依据主要有以下几方面：

（1）工程施工合同和招投标文件。

（2）施工图纸、会审记录，以及设计单位和建设单位有关的要求。

（3）施工现场的条件和地质勘查资料。例如，地形、地质、水文、气象、障碍物、道路交通和水电供应，以及现场可占用的面积和甲方可能提供的临时设施等。

（4）施工组织总设计文件和工程预算。

（5）有关资源的供应情况，如劳动力、材料、半成品、机械设备等。

（6）本项目相关技术资料，如标准图集、地区定额、有关操作规程、验收规范等。

（7）实行建设监理的有关规定。

2.1.5　施工组织设计编制的原则

施工组织设计编制的原则主要有以下几方面：

（1）满足施工合同和施工组织总设计有关工程进度、质量、安全、环境和成本等各项要求。

（2）按照建筑安装工程施工的客观规律及各种专业的工艺要求，科学地划分施工作业段，有效地配置各种资源，合理地安排施工顺序及组织流水施工，充分地利用时间及空间，实现连续、均衡施工。

（3）从实际出发，采用有效的、适用性强的新技术、新工艺。这是提高劳动生产率、保证工程质量、加快施工进度、降低工程成本、减轻劳动强度的重要途径。

（4）各专业工作之间，要合理搭接、密切配合。由于建筑施工对象趋于复杂化、高技术化，参与的各种专业工种越来越多，相互之间的影响也将越来越大，既相互制约又相互依存，施工组织设计要有周密的计划和预见性，防患于未然；各专业工种之间既要密切配合，也要主动沟通、协调。

（5）选择经济上合理、技术上先进、切合现场实际及适合本项目的施工方案。

（6）确保工程质量、施工安全和文明施工。

（7）满足环境保护要求。

2.1.6　施工组织设计编制的程序

施工组织设计编制的程序如图 2.1 所示。

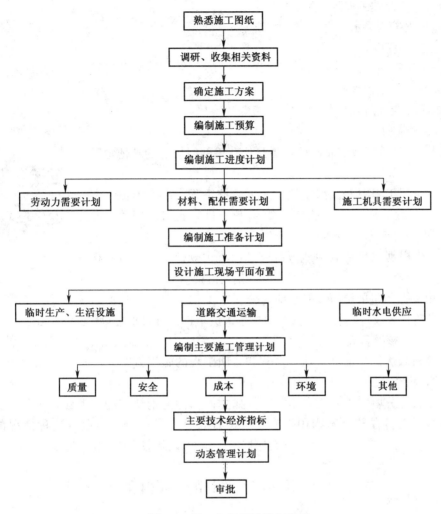

图 2.1　施工组织设计编制程序

2.1.7　施工组织设计的编制和审批

施工组织设计应由项目负责人主持编制，可根据需要分阶段编制和审批。

有些分期分批建设的项目跨越时间很长，有些项目的地基基础、主体结构、装修装饰和机电设备安装并不是由一个总承包单位完成，此外还有一些特殊情况的项目，在征得建设单位同意的情况下，施工单位可分阶段编制施工组织设计。

（1）施工组织总设计应由总承包单位技术负责人审批。

（2）单位工程施工组织设计应由施工单位技术负责人或技术负责人授权的技术人员审批，施工方案，应由项目技术负责人审批。

（3）重点、难点分部（分项）工程和专项工程施工方案应由施工单位技术部门组织相关专家评审，施工单位技术负责人批准。

《建设工程安全生产管理条例》（国务院第 393 号令）规定，对下列达到一定规模的危险性较大的分部（分项）工程编制专项施工方案，应附具安全验算结果，经施工单位技术负责人、总监理工程师签字后实施：

1）基坑支护与降水工程。

2）土方开挖工程。

3）模板工程。

4）起重吊装工程。

5）脚手架工程。

6）拆除爆破工程。

延伸阅读：
《建设工程安全生产管理条例》

7）国务院建设行政主管部门或者其他有关部门规定的其他危险性较大的工程。

对前款所列工程中涉及深基坑、地下暗挖工程、高大模板工程的专项施工方案，施工单位还应当组织专家进行论证、审查。除《建设工程安全生产管理条例》规定的上述分部（分项）工程外，施工单位还应根据项目特点和地方政府部门有关规定，对具有一定规模的重点、难点分部（分项）工程进行相关论证。

（4）由专业承包单位施工的分部（分项）工程或专项工程的施工方案，应由专业承包单位技术负责人或技术负责人授权的技术人员审批；有总承包单位时，应由总承包单位项目技术负责人核准备案。

（5）规模较大的分部（分项）工程和专项工程的施工方案，应按单位工程施工组织设计进行编制和审批。

有些分部（分项）工程或专项工程，如主体结构为钢结构的大型建筑工程，其钢结构分部规模很大且在整个工程中占有重要的地位，需另行分包，遇有这种情况的分部（分项）工程或专项工程，其施工方案应按施工组织设计进行编制和审批。

2.2 施工组织设计的主要内容

2.2.1 工程概况

2.2.1.1 基本概况

1. 参与单位

施工组织设计的参与单位主要包括建设单位、勘察单位、设计单位、监理单位、总承包单位和各专业有关单位。

2. 工程概况

（1）工程项目名称、占地面积、建筑面积、结构类型、工程造价、招标工期、开竣工日期。

（2）给水系统：水源概况、系统划分、敷设方式、材质及连接方法、设备选用与安装。

（3）排水系统：排水体制、管道系统、敷设方式、材质及连接方式。

（4）消火栓给水系统：供水方式，设置消防水泵、水箱等情况，消火栓形式等。

（5）自动喷水灭火系统：供水压力、泵房设备简介、管材、喷头形式等。

（6）电气工程：电源、电力负荷、电力照明线路敷设方式、导线型号、配电柜安装方式、防雷等级等。

（7）暖通工程：空调制冷设备、供回水温度、空调方式、水系统形式、风管及水管材料、保温材料及保温层厚度、防排烟的方式、防火分区的划分、送排风机的位置等。

（8）智能建筑工程：各分部工程内容、功能、组成情况，机房和控制室的位置等。

2.2.1.2　工程特点

（1）是否有采用新结构、新技术、新工艺和新材料的要求。

（2）生产流程和工艺是否有特殊要求。

（3）专业设备及吨位是否有特殊说明。

2.2.1.3　施工现场条件

（1）地形，水文、地质、拆迁、道路交通、水电供应、周边环境以及影响安装施工的有关因素。

（2）当地的最低与最高温度及出现的时期，冬雨季施工的起止时间和主导风向等。

（3）有关资源情况，如劳动力、材料、设备等供应和价格情况。

（4）业主可能提供的临时设施、协作条件等。

以上内容可用文字表达，也可用图表形式表达。

2.2.2　施工部署

施工部署是在充分了解和掌握工程情况、施工条件和有关方面要求的基础上，对整个工程进行统筹规划和全面安排，确定主要目标、施工顺序、空间组织及有关重大问题方案等。施工部署的主要内容如下。

2.2.2.1　项目管理组织机构

施工部署首先应明确施工项目的管理机构和体制。目前，普遍推行和实施项目经理责任制。根据工程项目规模及特点，组建以项目经理为中心的项目经理部，建立健全相关的规章制度，明确有关人员的职责、权限与奖罚，对整个工程项目实施统一组织和领导。

1. 项目经理部

项目经理部的部门设置和人员配置与施工项目的规模和项目的类型有关。项目经理部一般应建立"五部一室"的设置，即技术部、工程部、质量部、经营部、物资部及综合办公室等。复杂及大型的项目还可设机电部。

项目经理部人员由项目经理、生产或经营副经理、总工程师等若干负责人组成。管理人员持证上岗。项目经理部的人员实行一职多岗、一专多能、全部岗位职责覆盖项目施工全过程的管理，不留死角，亦避免职责重叠交叉，同时实行动态管理，根据工程的进展程度，调整项目的人员组成。

图 2.2 是某安装工程项目经理部组织机构。该工程建筑面积约 1.5 万平方米，为 27 层综合楼。项目经理部由决策层、执行层和作业层组成。决策层主要是项目经理和技术负责人；执行层也称管理层，主要岗位是施工员、质检员、安全员、材料员、预算员、资料员，作业层为各工种的施工班组。

2. 项目管理人员职责

（1）项目经理：受公司法人代表的委托，实施"项目经理责任制"，全权处理工程项

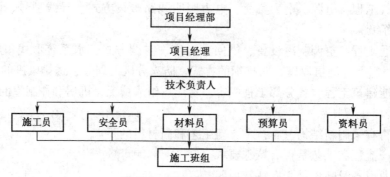

图 2.2 项目经理部组织机构

目中的一切事务，确保工程项目的质量、进度和成本等目标圆满实现；沟通协调各方面的关系，并承担相应的责任。项目经理是项目管理实施阶段全面负责的管理者。

项目经理的任职要求如下。

1）执业资格的要求：项目经理只能由建造师担任。在行使项目经理职责时，一级注册建造师可以担任《建筑业企业资质等级标准》规定的特级、一级建筑业企业资质的建设工程项目施工的项目经理；二级注册建造师可以担任二级建筑业企业资质的建设工程项目施工的项目经理。取得建造师执业资格的人员能否担任大中型工程项目的项目经理，应由建筑业企业自主决定。

延伸阅读：
《建筑业企业资质等级标准》

2）知识方面的要求：项目经理应具有大专以上学历，具备工民建或相关专业知识，具有工程师以上专业技术职务，具备企业管理、项目施工管理的专业理论知识，具有较强的项目施工管理、合约管理、项目成本管理、员工管理的实践经验。

3）能力方面的要求：项目经理必须具有一定的施工实践经历；具有很强的沟通能力、激励能力和处理人事关系的能力；有较强的组织管理能力和协调能力；有较强的语言表达能力，掌握谈判技巧。在工作中能发现问题，提出问题，能够从容地处理紧急情况。

4）素质方面的要求：项目经理应注重工程项目对社会的贡献和历史作用。项目经理必须具有良好的职业道德，将用户的利益放在第一位，不谋私利，必须有工作的积极性、热情和敬业精神；具有创新精神，务实的态度，勇于挑战，勇于决策，勇于承担责任和风险；敢于承担责任，特别是有敢于承担错误的勇气，言行一致，正直，办事公正、公平，实事求是；能承担艰苦的工作，任劳任怨，忠于职守；具有合作的精神，能与他人达成共识，具有较强的自我控制能力。

（2）项目技术负责人：在项目经理的领导下，全面负责项目的质量、安全管理和施工技术工作，并承担相应的责任。

（3）施工员：在项目经理和技术负责人的领导下，根据施工合同、施工图纸、施工预算和施工组织设计，以及相应的施工规范、规程等有关技术文件，具体组织实施工程项目的施工管理，与相关各方面保持紧密的沟通和协调，妥善处理好各方面的关系，保证每一道工序达到目标要求。

（4）质检员：协助项目经理及技术负责人做好本工程施工质量管理工作，是施工现场质量的主要责任人；对现场施工各道工序进行实时监督与检查，对施工现场出现的质量问题负有重要责任；同时负责技术资料检验、收集和保管。

（5）安全员：协助项目经理及技术负责人负责本工程的安全管理，是本工程专职安全人员，对施工现场出现的安全问题负重要责任；认真检查和督促施工现场的安全生产、劳动保护及各项安全规定的落实，及时消除和处理各种事故隐患。

（6）材料员：负责合格的材料、配件及半成品的供应和保管，提供相应的合格证明。

（7）预算员：熟悉施工图纸，负责编制工程项目的预决算；根据施工作业进度，编制每月完成工作量，为项目经理申报工程款提供依据。

（8）资料员：负责收集工程项目施工的各种资料，确保工程项目竣工资料完整无误。

2.2.2.2　确定主要目标

根据施工合同、招标文件、施工图纸和施工组织设计，确定工程项目的进度、质量、安全、环境和成本等目标。

2.2.2.3　划分施工阶段

根据建筑安装工程的具体情况和特点，施工阶段一般划分为施工准备、管线预埋、安装、调试；交工验收和保修等阶段。要明确各阶段主要施工内容、施工顺序和流水施工方案。

2.2.2.4　确定施工程序

施工程序是分部工程、专业工程或施工阶段的先后顺序与相互关系。

例如，单位工程的基本施工程序为"先土建、后设备"，这是指土建与给水排水、采暖通风、强弱电、智能工程的关系，统一考虑、合理穿插，土建要为安装的预留预埋提供方便、创造条件，安装要注意土建的成品保护。

1. 设备基础与厂房基础间的施工程序

当厂房柱基础的埋置深度大于设备基础的埋置深度时，厂房柱基础先施工，设备基础后施工，俗称"封闭式"施工程序。

当设备基础的埋置深度大于厂房柱基础的埋置深度时，厂房柱基础应与设备基础同时施工，俗称"开敞式"施工程序。

2. 设备安装与土建施工间的施工程序

一般机械工业厂房，当主体结构完成后即可进行设备安装；精密厂房则在装饰工程完成后才进行设备安装，俗称"封闭式"施工程序。

冶金、电厂等重型厂房，常先安装工艺设备，然后建厂房，俗称"开敞式"施工程序。

土建与设备安装同时进行的，俗称"平行式"施工程序。

2.2.2.5　确定重点和难点

从组织管理和施工技术两个方面，分析工程施工的重点和难点，以及新技术、新工艺、新材料和新设备的应用，采取相应的技术措施和管理部署。

工程的重点和难点对于不同工程和不同企业具有一定的相对性，某些重点、难点工程的施工方法可能已通过有关专家论证，成为企业工法或企业施工工艺标准，此时企业可直接引用。重点、难点工程的施工方法选择应着重考虑影响整个单位工程的分部（分项）

工程,如工程量大、施工技术复杂或对工程质量起关键作用的分部(分项)工程。

2.2.3　施工进度计划

施工进度计划主要包括以下几方面:

(1) 为实现项目设定的工期目标,按照施工部署和施工的客观规律,以及合理的施工顺序,对施工进度进行统筹策划和安排,保证各工序在时间和空间上顺利衔接。

(2) 针对不同施工阶段的特点,制定相应的施工组织措施、技术措施,使各阶段目标逐步实现,确保最终工期圆满完成。

(3) 成立组织管理机构,建立健全管理制度,明确各自职责,落实到人。

施工进度计划可采用网络图或横道图表示,并附必要说明;对于工程规模较大或较复杂的工程,宜采用网络图表示(详见第3章)。

2.2.4　施工准备和资源配置计划

2.2.4.1　施工准备计划

1. 基本概念

施工准备工作的基本任务,是为拟建的工程施工创造必要的技术和物质条件,统筹安排施工力量,合理布置施工现场,确保工程施工正常地展开和顺利地进行。施工准备工作是施工程序中的重要环节,不仅存在于开工之前,还贯穿于整个施工过程。

现代的建筑施工是一项十分复杂漫长的生产活动,不但需要耗用大量的人力和物力,还要处理各种复杂的技术问题,受外界环境影响较大,不可预见因素较多,如果事先缺乏周密的考虑和准备,势必会造成某种混乱或损失,影响施工正常进行。所以,施工准备是降低和避免风险的有效措施,是搞好目标管理的重要前提。

2. 施工准备工作分类

(1) 按施工范围分类,施工准备工作可分为全场性的施工准备、单位工程施工准备、分部分项工程施工准备三种。

全场性的施工准备是以一个建筑工地为对象而进行的各项施工准备。其目的和内容都是为全场性的施工活动创造条件,兼顾单位工程的施工准备。

单位工程施工准备是以一个建筑物或构筑物为对象而进行的各项施工准备,其目的和内容不仅为单位工程施工创造条件,还要为分部分项工程做好施工准备。

分部分项工程施工准备是单位工程施工准备进一步的具体化。

(2) 按施工阶段分类,施工准备工作可分为开工前的施工准备和各施工阶段前的施工准备两种。

开工前的施工准备是为工程正式开工创造必要条件,是全局性的工作安排,没有这个阶段,工程难以顺利开工和正常施工。

各施工阶段前的施工准备,是指工程开工后,为某个施工阶段或分部分项工程所做的施工准备,是局部性的工作安排,是经常进行的一项工作。冬季、雨季施工属于这种类型。

3. 施工准备工作主要内容

(1) 原始资料调查。施工准备工作要掌握拟建工程的有关书面资料,调查和掌握施工现场与工程相关的水文、气象和环境等各种原始资料,这既是施工准备的重要基础工作,也是编制施工组织设计的依据。

1）水文地质调查：如地质构造、土壤类别、地基承载力、地震级别和烈度以及地下水情况等。

2）气象资料调查：包括降雨、降水量资料，气温资料，风向资料等。

3）周边环境调查：包括现有建筑物、构造物、沟渠、水井、树木、人防工程、上下水管道、电缆、燃气、障碍等。

4）水源电源调查：利用当地水源的可能性，如供水距离、水压等；利用当地排水设施的可能性，如电源的位置、引入的条件、容量和电压等。

5）交通运输调查：运输道路的状况、载重量和对超长、超高、超宽的极限情况等；运输的有利时间、方式及路线等。

6）建筑材料及周转材料调查。

7）劳动力市场调查：风俗习惯、价格水平、技术状况等。

（2）技术资料准备。

1）熟悉、审核施工图纸、说明及有关设计资料与各专业图纸之间是否有矛盾和漏洞，如设备安装的位置、标高、预留孔洞等。

2）计算工程量，编制施工预算。

3）编制施工组织设计和施工方法。

4）材料检验和设备调试。

（3）施工现场准备。施工现场准备是外业准备，是工程项目能否正常、顺利开工的首要条件。

1）拆除障碍物。施工现场内的一切障碍物，无论是地上的还是地下的，都应在开工之前拆除。这些工作一般是由建设单位来完成，有的也委托施工单位来完成。

拆除旧房屋，首先要截断水源、电源，并且采取相应措施，防止事故发生。树木砍伐须经园林部门批准；给水和污水管网拆除，应由专业公司来完成；拆除后的建筑垃圾应清理干净，及时运输到指定地点，并防止扬尘污染环境。

2）三通一平。

a. 路通：尽可能利用永久工程。

b. 水通：包括生产、生活和消防用水。同时，施工现场的排水也要畅通。

c. 电通：尽可能利用国家电力系统电源。

d. 场地平整：根据现场地形及控制标高进行，并注意挖填土方的调配和场地找平工作。

有些建设工程要求达到"七通一平"的标准，即通上水、排水、供电、供热、供气、电信、道路和场地平整。

3）测量放线。由建设单位提供城市规划部门给定的建筑红线及水准点，对建筑物定位放线，测量定位，务必保证精度，杜绝错误；自检合格后，提交甲方、监理人员和城市规划部门验线。

4）搭设临时设施。各种临时设施要严格按照经审批的施工总平布置来搭建，尽可能利用永久或原有的设施。

（4）物质准备。

1）主要内容：主要材料准备、地方材料准备、周转材料准备和施工机具准备。

2）物质准备工作程序，如图2.3所示。

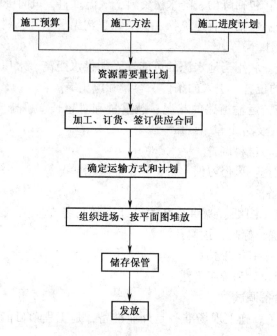

图2.3　物质准备工作程序

（5）组织准备。施工组织准备的主要内容包括：组建项目经理部；规划和组织施工力量与任务安排；建立健全质量管理体系、安全管理体系、环境管理体系和各项规章管理制度；审查分包单位资质，落实分包单位。

（6）季节施工准备。由于建筑工程大多为室外作业，受外界影响比较大，根据工程项目具体情况，拟订和落实冬季、雨季施工技术措施，以保证施工顺利进行。

4. 施工准备工作计划

为了落实各项准备工作，便于控制和监督，根据各项施工准备工作的内容、时间和人员，编制施工准备工作计划，如表2.1所示。

表2.1　施工准备工作计划

序号	内容	负责部门	负责人	起止时间		备注
				月　日	月　日	

各项施工准备工作不是孤立的，需要相互协调和配合；要加强与建设单位、设计单位与监理单位的沟通工作，建立健全施工准备工作责任制度，使施工准备工作有领导、有组织、有计划、有检查和分期分批地进行，并贯穿施工的全过程。

2.2.4.2　资源配置计划

资源配置计划是为满足施工项目所需的人力和物力等生产要素而编制的。

当施工进度计划确定后，根据各阶段、各工序及持续时间所需资源，编制出劳动力、材料、半成品及施工机具等的需要量计划，以利于及时组织供应；也作为有关职能部门调配的依据，以保证施工顺利进行。

1. 劳动力配置计划

劳动力配置计划，按施工进度计划安排，进行叠加汇总而成，如表 2.2 所示。

表 2.2　劳动力配置计划

序号	工种	总工日	每日需用工日								
			1	2	3	4	5	6	7	8	9

2. 主要工程材料配置计划

主要工程材料配置计划是为了组织备料、确定仓库或堆场面积之用。其编制方法是将施工预算中的工料分析表或进度计划表中所需要的材料按名称、规格、使用时间进行汇总，如表 2.3 所示。

表 2.3　材料配置计划

序号	材料名称	规格	单位	数量	进场时间	备注

3. 配件及半成品配置计划

配件及半成品配置计划主要用于加工订货、组织运输和确定仓库或堆场，根据施工进度计划进行汇编，如表 2.4 所示。

表 2.4　配件及半成品配置计划

序号	配件及半成品名称	型号规格	单位	数量	进场时间	备注

4. 施工机具配置计划

施工机具配置计划根据施工方案和施工进度计划确定的施工机具、类型、数量和进场时间进行汇总，如表 2.5 所示。

表 2.5　施工机具配置计划

序号	机具名称	型号规格	单位	数量	进场时间	备注

2.2.5 主要施工方案

2.2.5.1 基本概念

施工方案是以分部（分项）工程或专项工程为主要对象编制的施工技术与组织方案，用以具体指导其施工过程。

施工方案是施工组织设计中的核心内容，是关系工程项目全局的关键。施工方案编制得合理与否，将直接影响工程的质量、工期和成本。科学合理的施工方案和施工方法不但为工程施工在技术上提供了依据，还为施工现场布置、资源准备和施工过程顺利开展提供了保障。

施工方案的确定既要考虑到技术上的先进性，也要考虑到经济上的合理性，还要兼顾各专业、工种之间的合理衔接。

施工方案是对单位工程及主要分部、分项工程所采用的施工方法的简要说明。

2.2.5.2 主要内容

施工方案主要内容包括分部分项工程的施工顺序、施工作业段的划分、施工方法和施工机具的选择等。

（1）了解和掌握土建工程的施工流向和顺序，以及"四先四后"的原则，即先准备后施工、先地下后地上、先主体后围护、先结构后装饰。这样在选择施工方案时，才能做到知己知彼。

（2）确定施工顺序：密切关注土建工程的施工进度及动态，根据建筑安装工程的特点，按照工程的"四先四后"原则组织施工。

1）先准备，后施工。

2）先地下，后地上。力求做到与土建密切配合，交叉作业。及时跟进各种预埋导管、线缆、预留孔洞和接地装置施工。

3）先预制，后安装。在条件许可的条件下，各安装工种均应提前预制，既能确保质量，又能缩短工期。

4）先重点，后一般。例如混凝土楼板、墙身、梁柱的暗敷管线、预留孔洞等。

安装阶段一般的安装顺序是：先通风与空调，后给水排水与采暖管道，再建筑电气线路。

水暖电卫工程不同于土建工程，一般与土建工程中有关分项工程交叉施工，紧密配合。

在基础工程施工时，先将相应的上下水管沟和暖气管沟的垫层、管沟墙做好，然后回填土。

在主体结构施工时，应在砌墙或现浇钢筋混凝土楼板的同时，预留上下水管和暖气立管的孔洞、电线孔槽或预埋木砖和其他预埋件。

在装饰工程施工前，安设相应的各种管道和电气照明用的附墙暗管、接线盒等。水暖电卫安装一般在楼地面和墙面抹灰前或后穿插施工。

（3）确定施工作业段的划分。随时与土建施工保持沟通和协调，合理利用时间和空间，及时穿插、交叉施工。

（4）施工方法是根据安装工程类别、施工工艺及特点，对分部分项工程施工提出具体操作步骤和要求。对新技术，新工艺，新材料和新设备，要制定专业、详尽的操作步骤和要求。

（5）要积极推广使用先进的施工机具和设备。这样不但可以加快施工进度，降低成本，还可以提高工程质量。例如，红外水平仪的利用，就大大提高了管道安装精度；电动切管机的利用，不但快捷、方便，还可提高管道接口焊缝的质量。

2.2.5.3　基本原则

（1）具有针对性。在确定分部分项工程施工方法时，既要针对分部分项工程的具体情况、特点，又要考虑施工现场的客观条件，不能对规范要求泛泛而谈。

（2）体现技术上的先进性、经济上的合理性。

（3）对易发生质量通病、易出现安全事故、施工难度较大、技术含量较高的分项工程，应有专项重点说明及具体措施。

（4）对新技术、新工艺、新材料和新设备的应用，要进行严格、必要的试验和论证。

（5）应有配套的保障措施。在拟订施工方法时，既要有具体的操作步骤和方法，又要有质量和安全保障措施。

2.2.5.4　施工方法的评价

所谓施工方法的评价，就是对施工方法进行技术经济分析，避免盲目性和片面性，保证施工方法、技术上先进可行，经济上合理，达到技术和经济的统一。

评价的方法分为两类，即定性分析和定量分析。

定性分析是对施工的难易程度、安全可靠性等因素，进行泛泛的比较，受评价人的主观因素影响较大，只能作为初步评价参考。

定量分析是对方案的投入与产出进行量的计算，如劳动力、材料及机械台班、工期和成本等，与施工预算进行比较，用数据说话，客观、令人信服。所以，定量分析是评价的主要方法。

2.2.6　施工现场平面布置

2.2.6.1　基本概念

施工现场平面布置是在施工用地范围内，对各项生产、生活设施及其他辅助设施等进行规划和布置，是施工组织设计中的一项重要内容。在布置前，要认真熟悉施工方案和施工方法，对施工现场和周围环境的地形、地质、水文、交通、给水排水、供电和地面障碍等做仔细的调查研究和周密的分析，通过科学的运筹和计算，确定为施工服务的施工机械、交通运输、材料和构件的堆放，各种临时设施、供水、供电及排水的合理布局。这些错综复杂的因素，与拟建工程是一种相互的空间关系，布置得合理与否，管理执行得好坏，对现场文明施工、工程进度、施工安全都会产生直接的影响。

2.2.6.2　主要内容

（1）已建和拟建的一切建筑物、构筑物及其他设施的位置和尺寸。

（2）起重及运输机械等的位置和运行的路线。

（3）临时生产和生活设施的位置和面积。

（4）材料、半成品、构件和设备的仓库和堆放场。

（5）施工运输道路及现场出入口。

（6）临时给水、排水管道，以及供电、消防设施、安全设施、通信线路的布置。

（7）测量放线、标桩位置、地形等高线和土方取、弃场地。

2.2.6.3 基本原则

（1）有利施工，保证安全，布置紧凑，便于管理。

（2）尽可能利用建筑工程施工现场的已有条件。

（3）尽可能节约施工现场用地，减少临时设施的搭建。

（4）最大限度地减少场内运输，特别是场内二次搬运。

（5）尽量避免和减少与其他专业施工相互干扰。

（6）满足现场卫生、安全和防火的要求。

（7）满足安装工程阶段性施工特点和要求。

2.2.7 主要施工管理计划

主要施工管理计划应包括进度管理计划、质量管理计划、安全管理计划、环境管理计划、成本管理计划以及其他管理计划等内容。

2.2.7.1 进度管理计划

项目施工进度管理应按照项目施工的技术规律和合理的施工顺序，保证各工序在时间和空间上的顺利衔接。不同的工程项目其施工技术规律和施工顺序不同。即使是同一类工程项目，其施工顺序也难以做到完全相同。因此，必须根据工程特点，按照施工的技术规律和合理的组织关系，解决各工序在时间和空间上的顺序和搭接问题，以达到保证质量、安全施工、充分利用空间、争取时间、实现经济合理安排进度的目的。

进度管理计划是保证实现项目施工进度目标的管理计划，包括对进度及其偏差进行分析和采取的必要措施。不能与施工进度计划等同和混淆。其主要内容包括以下几方面：

（1）建立以项目经理为首的施工进度管理的组织机构，制定相应的规章制度，并明确职责，落实到人。

（2）按照施工的技术规律及合理的施工顺序，对施工进度计划逐级分解，保证各工序在时间和空间上顺利衔接，通过阶段性目标的实现，保证最终工期目标的完成。

（3）针对不同施工阶段的特点、难点，制定相应的管理措施、组织措施、技术措施及合同措施等。

（4）建立施工进度动态管理机制，及时纠正施工过程中的进度偏差，并采取相应的赶工措施。

（5）根据项目周边的环境特点，制定相应的协调措施，尽量减少外部因素对施工进度的影响。

2.2.7.2 质量管理计划

质量管理计划是保证实现项目施工质量目标的管理计划，可参照《质量管理体系要求》（GB/T 19001—2016），在施工单位质量管理体系的框架内编制（详见第4章）。

2.2.7.3 安全管理计划

安全管理计划是指在施工过程中，为避免人身安全伤害、设备损坏及其他不可接受的损害风险，保证实现项目施工职业健康安全目标而制订的管理计划。其主要内容包括，确定项目重要危险源，制订项目职业健康安全管理目标，建立健全管理结构并明确职责，建立具有针对性的安全生产管理制度和职工安全教育培训制度，制定相应的安全技术措施，建立现场安全检查制度和对安全事故处理的相应规定（详见第 6 章 6.2 节）。

延伸阅读：
《质量管理体系　要求》（GB/T 19001—2016）

2.2.7.4　环境管理计划

环境管理计划是保证实现项目施工环境目标的管理计划，包括确定、实施所需的组织机构、职责、程序以及采取的措施和资源配置等。

建筑工程施工过程中不可避免地会产生施工垃圾、粉尘、污水以及噪声等环境污染，制订环境管理计划就是要通过可行的管理和技术措施，使环境污染降到最低。它可参照《环境管理体系　要求及使用指南》（GB/T 24001—2016），在施工单位环境管理体系的框架内编制（详见第 6 章 6.3 节）。

《环境管理体系要求及使用指南》（GB/T 24001—2016）

2.2.7.5　成本管理计划

成本管理计划是保证实现项目施工成本目标的管理计划，包括成本预测、实施、分析，采取的必要措施和计划变更等（详见第 5 章）。

由于建筑产品生产周期长，增加了施工成本控制的难度。成本管理的基本原理就是把计划成本作为施工成本的目标值，在施工过程中定期进行实际值与目标值的比较，通过比较找出实际支出额与计划成本之间的差距，分析产生偏差的原因，并采取有效的措施加以控制，以保证目标值的实现或缩小差距。

2.2.7.6　现场管理计划

1. 基本概念

由于施工现场范围较大，参与的专业工种和人员多，施工周期长，现场情况千变万化，错综复杂，因此，在施工现场必须建立严格的规章制度，使出入施工现场的有关部门和工人有章可循，推动和促进各方面认真、合力地做好现场管理工作，营造一个以人为本的、和谐的现场环境，使工地中的人、财、物合理、有序流动，保证施工顺利进行。

现场管理的重点应是安全、防火、防盗和文明施工。现场危险源处应有明显的安全警示标识。

2. 基本要求

（1）施工现场出入口应标有企业名称、工程概况标牌，大门内明显处应有现场总平面布置、安全生产、消防保卫、环境保护、文明施工和管理人员名单等标牌。

（2）施工现场实施封闭管理，出入口设门卫室并设置治安保卫制度标牌。

（3）施工现场主要材料、机械设备、周转材料、临时设备等布置均应符合总平面布置要求。

（4）施工现场应设置畅通的排水沟渠，保持场地的干燥与清洁。

（5）施工现场应有防火应急机具。

（6）施工现场悬挂必要的安全标语、安全警示标识及安全文明施工宣传牌。

3. 主要管理制度

施工现场的主要管理制度有门卫制度、考勤制度、安全用电制度、防火防盗制度、文明施工制度、材料管理制度、碰头协调会制度等。此外还应有灾害预防措施，如台风、暴雨、雷击、防爆等；大风天气，严禁明火作业；氧气瓶防震、防晒，乙炔罐严禁回火等。

2.2.7.7 其他管理计划

其他管理计划主要有绿色施工管理计划、防火保安管理计划、合同管理计划、沟通协调管理计划、创优质工程管理计划、质量保修管理计划，以及施工现场人才资源、施工机具、材料设备等生产要素管理计划等。

对于以上计划，要根据项目的特点和复杂程度，有针对性地加以取舍。计划中的内容应有目标、组织结构、资源配置、管理制度、技术和组织措施等。

2.3 施工组织管理流程

施工组织管理总流程如图2.4所示。

2.4 施工组织设计动态管理

2.4.1 基本概念

施工组织动态管理是指在项目实施过程中，对施工组织设计的执行、检查和修订进行适时的管理活动。

随着时间的推移，任何事物都不是一成不变的。所谓适时的管理活动，就是在施工组织设计实施过程中，通过跟踪、检查和分析，若发现问题，要适时修订、调整；若发生设计更改，资源代换、环境变化和有关规定修改等情况，更应该及时修改、补充和调整。修订后的施工组织设计更切合实际情况，更趋合理。

建筑工程具有产品的单一性，同时作为一种产品，又具有漫长的生产周期。施工组织设计是工程技术人员运用法律法规、标准和有关的知识、经验，对建筑工程的施工预先设计的一套运作程序和实施方法。但由于人们知识经验的差异以及客观条件的变化，施工组织设计在实际执行中难免会遇到不适用的情况，这就需要针对新情况进行修改或补充。作为施工指导书，又必须将其意贯彻到具体操作人员，使操作人员按指导书进行作业，因而是一个动态的管理过程。

2.4.2 修订原则

在项目施工过程中，发生以下情况时，施工组织设计应及时修改或补充：

（1）工程设计修改。

（2）有关法律、法规、规范和标准实施、修订和废止。

（3）主要施工方案有较大调整。

（4）主要施工资源有较大调整。

（5）施工环境有重大改变。

（6）主要指标完成有疑问，如工期目标、质量目标、成本目标和实物量消耗目标等。

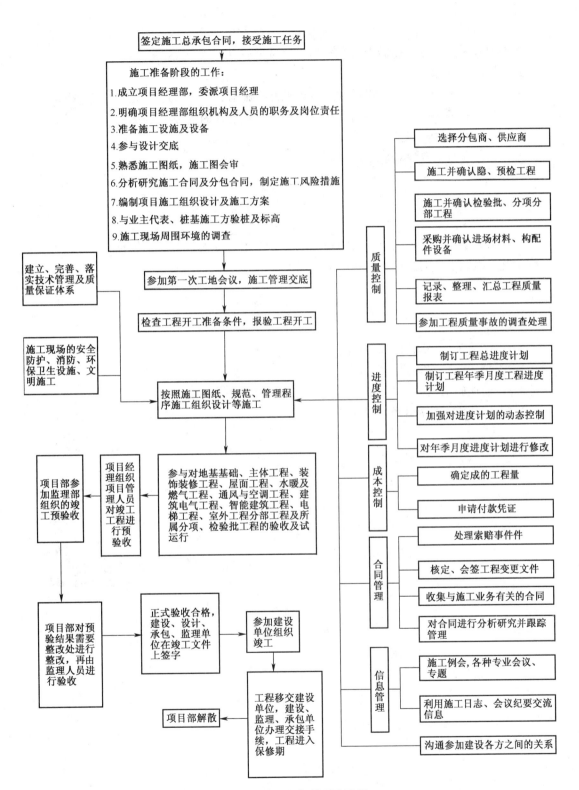

图 2.4 施工组织管理总流程

2.4.3 审批实施

经修改或补充的施工组织设计在重新进行审批后方可实施。

2.4.4 动态循环

经修改或补充的施工组织设计在通过审批并实施前，应进行逐级交底。在实施中，应对执行情况进行检查、分析和适时调整，让施工组织设计的管理始终处于动态控制中。

2.4.5 归档管理

施工组织设计应在工程竣工验收后归档。

本 章 小 结

本章主要学习了施工组织设计的基本概念、作用、分类和编制的依据、原则和程序；了解了施工组织设计的主要内容和动态管理。

思 考 题

2.1 简述工程概况的主要内容。

2.2 简述施工方案的主要内容。

2.3 简述施工现场平面布置的基本原则和主要内容。

2.4 简述施工准备工作的主要内容。

延伸阅读：
《建筑施工组
织设计规范》
（GB/T 50502—2009）

第 3 章　施工进度计划

◇教学目标
- 了解施工进度计划的作用和分类；掌握进度计划编制的程序及步骤。
- 建立流水施工技术的基本概念；掌握流水施工的组织程序及基本方法。
- 建立网络计划技术的基本概念；掌握利用网络计划技术编制进度计划的基本知识。
- 建立进度计划的动态管理的基本概念；掌握进度计划的控制和调整方法。

3.1　施工进度计划概述

施工进度计划是为实现项目设定的工期目标，对各项施工过程的施工顺序、起止时间和相互衔接关系所作的统筹策划和安排，是施工方案在时间上的具体反映。

编制施工进度计划并不需要深奥的技术理论，但是要保证所设定的工期目标和施工组织设计中的各项技术经济指标圆满地实现，不是一件容易的事。

由于种种原因，工程项目一旦实施，普遍存在工期短、进度压力大的特点，盲目赶工、质量和安全事故苗头时有发生。因此，施工进度计划的编制，不仅关系到工期目标能否顺利实现，还关系到工程质量、安全和成本目标能否顺利实现。

3.1.1　进度计划的作用

进度计划的主要作用表现在以下方面：

（1）控制单位工程的施工进度，保证在规定工期内，保质保量地完成工程任务。

（2）确定各个施工过程的施工顺序、施工持续时间及相互搭接、配合合理的关系。

（3）为编制季度、月度生产作业计划提供依据。

（4）为编制各项资源需要计划和施工准备计划提供依据。

3.1.2　进度计划的分类

3.1.2.1　从进度计划表达角度分类

根据进度计划表达的形式，进度计划可分为横道计划、网络计划和时标网络计划。

（1）横道计划形象、表达直观，但无法表明工作时间的主次和逻辑关系。

（2）网络计划能反映各工作时间的逻辑关系，利于重点控制，但开始与结束时间不直观，也无法按天进行资源统计。

（3）时标网络计划结合了横道计划和网络计划的优点，克服了两者的不足，是应用较普遍的一种进度计划表达形式。

小型工程可用横道图绘制。大中型工程宜采用时标网络计划绘制，计算时间参数，找出关键线路，选择最优方案。

3.1.2.2　从对施工指导角度分类

根据对施工的指导作用不同，进度计划可分为控制性进度计划和实施性进度计划两种。

（1）控制性进度计划主要用于结构较复杂、规模较大、工期较长或各种资源暂时不落实的工程，是一种粗线条的控制。

（2）实施性进度计划明确、详尽，有约束力，对各分部分项工程施工时间及相互搭接、配合的关系计划得非常具体和确定。

3.1.3 进度计划编制的依据

进度计划编制的主要依据有以下几方面：

（1）施工总工期及开工、竣工日期。

（2）经过审核的建筑总平面图、施工图、设备及基础图，相关的标准图及技术资料。

（3）施工组织总设计。

（4）施工条件、劳动力、材料、构配件及机具供应情况、分包情况等。

（5）主要分部分项工程施工方案。

（6）劳动定额，机械台班定额。

（7）工程承包合同及业主合理要求。

（8）其他有关资料，如当地的水文、地质、气象等资料。

3.1.4 进度计划编制的程序

进度计划编制的程序如图 3.1 所示。

3.1.5 进度计划编制步骤

3.1.5.1 划分施工过程

施工过程是进度计划的基本组成单元，划分得粗略与精细、适当与否，关系到进度计划总的安排。对控制性进度计划，列出分部分项工程即可。对实施性进度计划，则应细化至施工过程。例如，电气照明安装工程可先分为电线、电缆导管和线槽敷设，电线、电缆导管和线槽敷线，普通灯具、插座、开关安装等项目，再细分为凿槽、埋管、批灰、穿线、安装面板等项目。

施工过程的划分要结合施工条件、施工方法和劳动组织等因素，凡在同一时间段可由同一施工队完成的若干施工过程可合并，否则应单列。次要零星项目，可合并为其他工程。

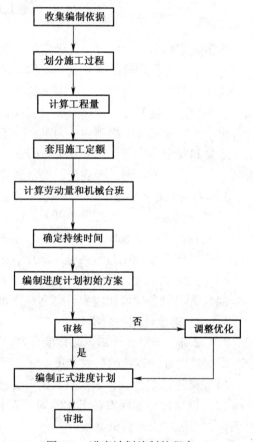

图 3.1　进度计划编制的程序

因此，要针对项目的整体情况，客观、合理地确定施工过程，并按分部分项工程施工顺序编制一览表以供使用。

3.1.5.2 计算工程量

工程量的计算应严格按施工图和工程量计算规则进行。若已有预算文件且施工项目的划分又与施工进度计划一致，可直接利用其预算工程量；若有某些项目不一致，则应结合工程项目栏的内容计算。

各分部分项工程的计量单位，应与现行施工定额单位一致，以便计算劳动量、材料和机械台班时直接套用，避免换算。

（1）工程量计算应结合所选定的施工方法和技术措施进行，以使计算的工程量与施工实际情况相符。

（2）结合施工总的安排和要求，可分区、分段和分层进行计算工程量。

3.1.5.3　计算工程劳动量和机械台班

$$P_i = Q_i / S_i = Q_i H_i \tag{3.1}$$

式中　P_i——第 i 个施工过程的劳动量（台班）；

　　　Q_i——第 i 个施工过程的工程量；

　　　S_i——产量定额，以工人在单位时间内能够完成的工程数量来表示劳动消耗；

　　　H_i——时间定额，以工人完成单位的工程量需要消耗的时间来表示劳动消耗。

当进度计划中所列项目与施工定额中的项目内容不一致时，例如，同一工种、但材料、做法和构造不同，施工定额可采用加权平均定额，计算方式如下：

$$S' = \sum Q_i \Big/ \sum P_i \tag{3.2}$$

$$\sum P_i = P_1 + P_2 + P_3 + \cdots + P_n$$
$$= Q_1/S_1 + Q_2/S_2 + Q_3/S_3 + \cdots + Q_n/S_n \tag{3.3}$$

$$\sum Q_i = Q_1 + Q_2 + Q_3 + \cdots + Q_n \tag{3.4}$$

式中　S'——某施工项目加权平均产量定额；

　　　$\sum P_i$——该施工项目总劳动量；

　　　$\sum Q_i$——该施工项目总工程量。

对于某些采用新技术、新工艺、新材料的施工项目，其定额未列入定额手册时，可参照类似项目或进行实测来确定。

"其他工程"项目所需的劳动量，可根据其内容和数量，结合施工现场实际情况，以占用总劳动量的百分比计算，一般为 10% ~ 15%。

3.1.5.4　确定各施工过程的持续时间

计算出各施工过程的劳动量和机械台班后，根据现有的人力和机械，确定各施工过程的作业时间，计算公式如下：

$$T = \frac{P}{R \times b} \tag{3.5}$$

式中　T——施工过程的作业时间；

　　　P——劳动量；

　　　b——工作班数。

露天或空中交叉作业一般宜采用一班工作制，有利于安全和工程质量；某些需连续施工的施工过程，或工作面狭窄、工期限定等的施工可采用二班制或三班制作业。在安排每班劳动人数时，需考虑最小劳动组合、最小工作面和可供安排的人数。

3.1.5.5 编制进度计划的初始方案

根据施工方案和各分部分项工程的施工顺序，以及各施工过程的持续时间，按照流水施工的原则进行编制，力求主要工种施工班组连续施工和劳动力与资源计划保持均衡。

3.1.5.6 审核

无论是采用流水作业还是网络技术，进度计划的初始方案形成后，均应进行审查、核实和调整优化。审核主要针对以下内容：

（1）各施工过程的施工顺序、平行搭接和技术组织是否合理，主导施工过程是否能最大限度地组织流水施工。

（2）进度计划的施工工期是否满足合同的要求。

（3）劳动量消耗是否均衡。各个工种每天出勤的工人人数力求不发生过大的波动。劳动量消耗的均衡性，可用劳动量消耗动态图表示。在动态图上，不要出现短时期的高峰。

图3.2所示的情况表明短时期所需工人人数多，需增加相应的临时设施，容易造成浪费。

图3.3所示出现长时间的低凹，说明在长时间内所需工人人数少，要将多余工人调出，否则就会窝工，而各种临时设施又不能充分利用。

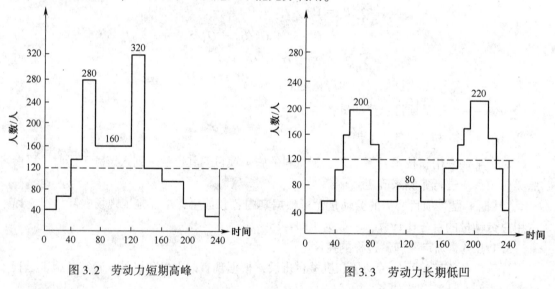

图3.2 劳动力短期高峰　　　　　图3.3 劳动力长期低凹

图3.4所示为短时间低凹，这是允许的，只要将少数工人安排好即可，不会发生较显著的影响。

劳动量消耗也可用劳动量均衡系数 K 表示，计算公式如下：

$$K = P_a/P_p \tag{3.6}$$

式中　K——劳动量均衡系数；

　　　P_a——最高峰施工期间工人人数；

　　　P_p——施工期间每天平均工人人数。

较理想的情况是，K 接近 1，$K<2$ 也可以，$K \geqslant 2$ 则不正常。

（4）主要施工机具利用率。利用率高，机械化程度就高，就可加快进度，降低劳动强度。

通过对进度初始方案的审查、核实、补遗和调整优化，就可编制正式进度计划。

3.1.6 施工进度计划的实施

施工进度计划的实施主要有以下几方面：

（1）首先确定主导分部工程，组织其中的主导分项工程连续施工，将其他分项工程尽可能与主导分项工程穿插配合、搭接或平行作业。

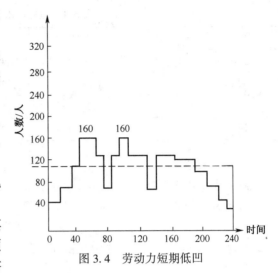

图 3.4 劳动力短期低凹

（2）在主导分项工程中，首先安排主导施工过程，再安排其他施工过程。例如，电气照明安装工程施工由凿槽、埋管、批灰、穿线、安装面板等施工过程组成，应优先安排凿槽、埋管、批灰主导施工过程的施工进度，再安排养护、拆模等施工过程的施工进度。

（3）各分部工程之间按施工顺序或施工组织的要求，将相邻分部工程的分项工程，按流水施工要求或配合关系搭接起来，形成单位工程进度计划的初始方案。

（4）检查和调整施工进度计划初始方案，绘制正式进度计划图表。

（5）进度计划的实施过程就是单位工程逐步完成的过程。其主要内容包括：

1）编制月（旬）施工进度计划。

2）签发施工任务单、限额领料单。

3）做好施工日志、原始记录和考核资料。

4）做好施工调度工作。

5）抓好逐日施工碰头会。

3.2 常用的三种施工组织方式

在建筑安装工程中，常用的施工组织方式有依次施工、平行施工、流水施工。现以建筑给水排水及采暖中的室外排水管道安装为例，采用上述三种方式组织施工进行效果分析。

【例 3.1】 有四栋建筑室外排水管道的安装，每栋建筑的室外排水管施工过程及工程量等如表 3.1 所示。

表 3.1　室外排水管道安装情况

施工过程	工程量	产量定额	劳动量	班组人数	班组作业时间	工种
挖沟槽	280m³	7m³/工日	40 工日	40 人	1 天	普工
砌垫层	45m³	1.5m³/工日	30 工日	30 人	1 天	混凝土工
安装排水管	1000m	20m/工日	50 工日	50 人	1 天	水工
回填土	210m³	7m³/工日	30 工日	30 人	1 天	普工

1. 依次施工

依次施工是指各施工段或施工过程依次开工、依次完工的一种施工组织方式。

（1）两种组织安排。

1）按栋数或施工段依次施工。当一栋建筑室外排水管道的安装完成后，再依次进行第二栋建筑室外排水管道的安装。图 3.5 所示为各栋建筑进行的依次施工（顺序施工）。

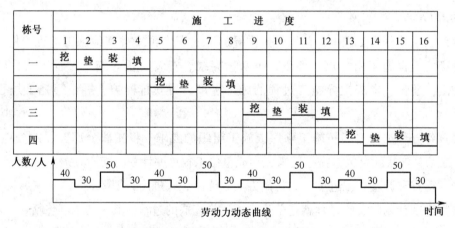

图 3.5　依次施工（按施工工段）

2）按施工过程依次施工。当第一个施工过程完成后，再进行第二个施工过程。图 3.6 所示为各工序所进行的依次施工（按施工过程）。

（2）依次施工的特征。依次施工也称顺序施工，是按建筑安装工程的分部分项工程的内在联系和必须遵守的施工顺序依次进行施工，不考虑后续施工过程在时间和空间上的搭接。

（3）依次施工的特点。依次施工同时投入的劳动资源较少，组织简单，材料供应单一。但劳动生产率较低，工期较长，难以在短期内提供较多产品，不能适应大型工程施工。

2. 平行施工

平行施工是各施工段同时开工、同时完成的一种施工组织方式，如图 3.7 所示。

平行施工的特点是最大限度地利用了工作面，工期最短。由于劳动资源成倍增加，给施工管理带来一定难度。因此，只有在工程规模较大或工期较紧的情况下，采取平行施工才是合理的。

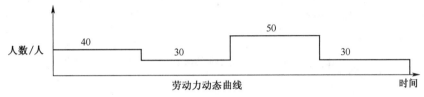

施工过程	人数/人	施工进度															
		1	2	3	4	5	6	7	8	9	10	11	12	13	14	15	16
挖土	40	1栋	2栋	3栋	4栋												
垫层	30					1栋	2栋	3栋	4栋								
安装	50									1栋	2栋	3栋	4栋				
回填	30													1栋	2栋	3栋	4栋

图 3.6　依次施工（按施工过程）

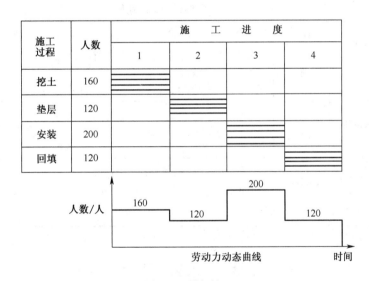

施工过程	人数	施工进度			
		1	2	3	4
挖土	160				
垫层	120				
安装	200				
回填	120				

图 3.7　平行施工

3. 流水施工

流水施工指所有施工过程按一定的时间间隔进行施工作业，如图 3.8 所示。

流水施工是把若干个同类型建筑或一栋建筑在平面上划分成若干个施工段，组织若干个在施工工艺上有密切联系的专业班组连续进行施工，依次在各施工段完成相同的工作内容，不同的专业班组利用不同的工作面可进行平行施工。

流水施工综合了依次施工和平行施工的优点，是建筑施工最合理的一种组织形式。

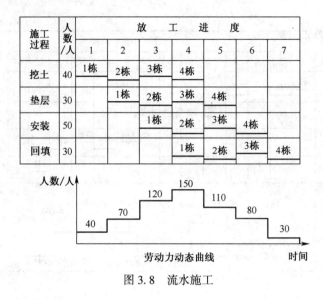

图 3.8　流水施工

三种组织形式的比较如表 3.2 所示。

表 3.2　三种组织形式的比较

方式	工期	资源投入	评价	适用范围
依次施工	最长	投入强度低	劳动力投入少,资源投入不集中,有利于组织工作。现场管理工作相对简单,可能会产生窝工现象	适用于规模较小,工作面有限的工程
平行施工	最短	投入强度最大	资源投入较集中,施工现场组织管理复杂,不能实现专业化生产	适用于工程工期紧迫、资源有充分的保障及工作面允许情况,或是赶工的工程
流水施工	较短,介于依次施工和平行施工之间	投入连续、均衡	结合了依次施工和平行施工的优点,作业队伍能连续施工,并且能充分利用工作面,是较理想的组织施工方式	一般项目均适用

3.3　流水施工技术

3.3.1　概述

3.3.1.1　基本概念

流水施工技术是应用工业流水线的基本原理,结合建筑安装工程的特点,科学地安排生产活动的一种组织方式,即所有的施工过程按一定的时间间隔依次投入施工,各个施工过程陆续开工、陆续竣工,使同一施工过程的施工班组保持连续、均衡施工,不同施工过程尽可能平行搭接施工的组织方式。

由于建筑安装施工的对象是固定的,各专业施工班组应沿着建筑物的水平方向或垂直方向,由前一个施工段向后一个施工段流动,如此不间断地进行生产作业,确保施工过程的持续性、均衡性和节奏感。与工业生产流水线产品流动的生产过程相比，其组织和管理的难度和复杂性是不言而喻的。

3.3.1.2　流水施工的技术经济效果

通过分析比较，可以看出流水施工综合了依次施工和平行施工的优点，是建筑安装施工较为先进和科学的一种施工组织形式。由于它在施工过程的划分、时间安排和空间布置上进行了合理的统筹安排，因此，其经济效果较为明显。

（1）施工工期比较理想。由于流水施工的连续性，减少了间歇时间，充分利用了工作面，缩短了工期。

（2）有利于资源的组织和管理。由于流水施工的均衡性，避免了施工期间劳动力和其他资源过分集中的问题。

（3）有利于提高劳动生产率。流水施工实现了专业化生产，为工人提高技术水平、改进操作方法及革新工具创造了条件，促进了劳动生产力的提高。

（4）有利于提高工程质量。专业化的生产作业为质量管理创造了条件。

（5）能有效降低成本。工期缩短，劳动生产率提高，资源供应均衡，施工连续、均衡作业，减少了临时设施，从而节约了人工费、机械使用费、材料费和管理费等相关费用。

3.3.1.3　流水施工的表达方式

流水施工的表达方式，一般有横道图、垂直图表和网络图三种，如图 3.9 和图 3.10 所示。最直观且最容易接受的是横道图。

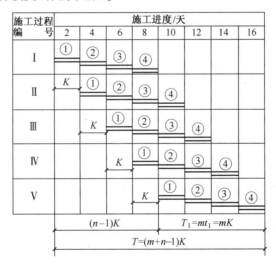

图 3.9　横道图式流水施工

横道图是建筑安装施工进度计划和组织流水施工经常使用的一种表达方式。图 3.9 中的横向坐标表示时间，纵向坐标表示施工过程。其特点是：能清楚地表达各项工作的开始时间、结束时间和持续时间，计划内容明确有序，形象直观，使用起来非常方便，且操作简单。

3.3.2　基本参数

流水施工参数用于表达各施工过程在时间和空间上相互依存的关系和开展的状态，是

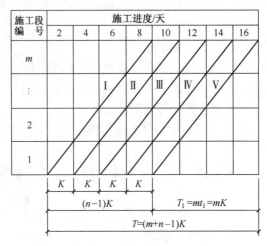

图 3.10 垂直图式流水施工

影响流水施工组织节奏和效果的重要因素，按性质一般分为工艺参数、空间参数和时间参数。

3.3.2.1 工艺参数

工艺参数是指流水施工在施工工艺上开展的顺序及其特征的参数。通常，工艺参数包括施工过程数和流水强度。

1. 施工过程数

施工过程数是指参与流水施工中的施工过程（工序）的数量，以"n"表示。

每一个施工过程的完成，需要消耗一定的劳动力、材料和机具，还要消耗一定的时间并占用一定的工作面。因此，施工过程数是流水施工中最主要的参数，是计算其他流水参数的依据。

施工过程的划分涉及的因素较多，如项目规模的大小、施工范围、习惯和劳动力的数量等，但仍以施工工艺流程是否科学及合理为主要考虑因素。施工过程的划分与施工进度计划的性质和作用有关。在编制控制性施工进度计划时，施工过程划分可粗略一些，一般只列出分部工程名称，例如给水排水及采暖工程、通风空调工程、建筑电气工程、智能建筑工程和电梯工程等。在编制实施性施工进度计划时，施工过程划分可精细一些，可将分部工程划分为若干个子分部工或分项工程，例如电气照明安装分解为照明配管、配线、照明配电箱、灯具、开关插座安装等。施工过程的划分与施工方案有关，如通风系统和空调系统风管的安装，如果同时施工，可合并为一个施工过程；如果先后施工，则可划分为两个施工过程。施工过程的划分还与施工习惯有关，如管道除锈、刷漆施工，可合可分，因有些班组是混合班组，有些班组是单一工种班组，凡是同一时期由同一班组进行施工的施工过程可合并在一起，否则应分列。施工过程的划分还与劳动量的大小有关，劳动量小的施工过程，组织流水施工有困难，可与其他施工过程合并。如室外排水管道安装时，垫层劳动量较小，可与挖土合并为一个施工过程，便于组织流水施工。

2. 流水强度

流水强度是指每一施工过程在单位时间内所完成的工作量，以"V"表示，计算公式如下：

$$V = \sum_{i=1}^{X} R_i \cdot S_i \qquad (3.7)$$

式中　V——某施工过程 i 的人工操作流水强度；

　　　R_i——投入施工过程 i 的专业工作队工人数；

　　　S_i——投入施工过程 i 的专业工作队平均产量定额。

【例 3.2】　某安装管道工程，有管道运输工程量 68000t，使用运输汽车 10 天完成运输任务，试计算管道运输工程量的流水强度？

解： 流水强度为

$$V = 68000/10 = 6800 （t/天）$$

3.3.2.2　空间参数

空间参数是用以表达流水施工在空间上展开的状态，主要包括工作面、施工段。

1. 工作面

工作面是指安排专业工人生产作业或者布置机械设备进行施工所需的活动空间，以"A"表示工作面的数目。它是根据相应工作单位时间的产量定额、建筑安装操作规程和安全规程来确定的。

工作面确定得合理与否，直接影响到工人劳动生产效率的高低。

2. 施工段

施工段是指在拟建工程的平面上或空间上，划分成若干劳动量大致相等的施工区段，以"m"表示施工段的数目。

划分施工段的目的是为组织流水施工提供必要的空间，从而保证不同的施工过程，能同时在不同的工作面上进行生产作业。

划分施工段应遵循以下原则：

（1）为了保证流水施工的连续性，均衡性和节奏感，各施工段的劳动量相差不宜超过 10%~15%。

（2）应满足专业工种对工作面的空间要求，以发挥人工、机械的生产作业效率。最理想的情况是平面上的施工段与施工过程相等。

（3）施工段的界限，应以确保施工质量为前提或与结构的变形缝一致。

（4）当施工对象既分层又分段时，施工段的划分应满足 $m \geqslant n$ 的要求。

当 $m = n$ 时，每一施工过程或作业班组，既能保证连续施工，又能做到划分的施工段不致空闲，是最理想的情况，应尽可能采用。

当 $m > n$ 时，施工段会出现空闲，这种情况是允许的。有时为了满足施工技术间歇的要求，有意让工作面空闲一段时间，反而更趋合理。

当 $m < n$ 时，作业班组不能连续施工，会出现窝工现象，应尽量避免。

3.3.2.3　时间参数

时间参数是在组织流水施工时用以表达流水施工在时间排列上所处状态的参数，主要包括流水节拍、流水步距、平行搭接时间、技术间歇时间与组织管理间歇时间等。

1. 流水节拍

流水节拍是指一个施工过程（或作业班组），在一个施工段上持续作业的时间，以符号 "t_i" 表示（$i=1, 2\cdots$），其大小受到投入的劳动力和机具的影响，也受到施工段大小的影响。

（1）定额计算法。根据资源的实际投入量计算定额，其计算公式如下：

$$t_i = P_i /(R_i\, b) \tag{3.8}$$

$$t_i = Q_i /(S_i R_i b) \tag{3.9}$$

$$t_i = Q_i H_i /(R_i b) \tag{3.10}$$

式中　t_i——某专业工作队在第 i 施工段的流水节拍；

　　　R_i——某专业工作队在第 i 施工段投入的工作人数或机械台数；

　　　b——某专业工作队的工作班次；

　　　P_i——某专业工作队在第 i 施工段的劳动量（单位：工日）或机械台班量（单位：台班）；

　　　Q_i——第 i 施工段的工程量；

　　　S_i——第 i 施工段的产量定额；

　　　H_i——第 i 施工段的时间定额。

（2）工期计算法。当施工工期受到限制时，应根据工期倒排进度，反求流水节拍，可用式（3.11）求出所需的人数或机械台班；同时，检查工作面的可行性。

流水节拍按下式计算：

$$t_i = T_i /m_i \tag{3.11}$$

式中　T_i——某施工过程的工作持续时间（根据工期倒排进度确定）；

　　　m_i——某施工过程划分的施工段数。

2. 流水步距

流水步距是指相邻两个施工过程（或作业班组）先后投入流水施工的时间间隔，以 "$K_{i, i+1}$" 表示（i 表示前一个施工过程，$i+1$ 表示后一个施工过程）。一般取 0.5 天的整数倍。

当施工过程数为 n 时，流水步距共有 $n-1$ 个。

流水步距应根据施工工艺、流水形式和施工条件来确定，尽可能满足以下要求：

（1）技术间歇的需要，如混凝土养护、油漆干燥等。

（2）保持主要专业队施工的连续性。

（3）满足工艺、组织、质量的要求。

（4）组织间歇的需要，如墙体砌筑前的墙身位置弹线，施工人员、机械转移，以及回填土前地下管道检查验收等。

3. 流水工期

流水工期是指一个流水施工中，从第一个施工过程（或作业班组）开始进入流水施工，到最后一个施工过程结束所需的全部时间。一般以 "T" 表示，计算公式如下：

$$T = \sum K_{i, i+1} + T_n \tag{3.12}$$

式中　T——流水施工工期；

$\sum K_{i,\ i+1}$——流水施工中各流水步距之和；

　　T_n——流水施工中最后一个施工过程的持续时间。

　　4. 间歇时间

　　因工艺或组织的原因导致相邻施工过程中前一施工过程结束后必须间隔一段时间，后一施工过程才能投入施工，该间隔时间即为间歇时间，以 t_j 表示。间歇时间分为工艺间歇和组织间歇。

　　5. 搭接时间

　　在某一施工段上，前一施工过程尚未结束而后一施工过程提前进场施工，该提前时间即为搭接时间，以 t_d 表示。

3.3.3　基本组织方式

　　为了适应施工项目不同的特点和进度计划的要求，可以将流水施工分成不同种类进行分析和研究，如按组织范围划分、按项目分解程度划分、按节奏特征划分等。

　　从适用性和广泛性而言，下面将着重叙述按节奏特征划分的有节奏流水施工和无节奏流水施工两大类。

　　3.3.3.1　有节奏流水施工

　　有节奏流水施工是指同一施工过程在各施工段上的流水节拍都相等的一种流水施工方式。有节奏流水施工分等节奏流水施工和异节奏流水施工两类。

　　1. 等节奏（固定节拍）流水施工

　　等节奏（固定节拍）流水施工，是指参与流水施工的施工过程的流水节拍彼此相等的一种组织方式，即同一施工过程在不同的施工段上，流水节拍相等，不同的施工过程在同一施工段上的流水节拍也相等。同时，各施工过程之间的流水步距彼此相等，且与流水节拍相等，即 $K_{i,i+1} = t_i$。

　　等节奏（固定节拍）流水施工工期计算公式为

$$T = \sum K_{i,\ i+1} + T_n = (m + n - 1)t_i \qquad (3.13)$$

其中　　　　　　　　　$\sum K_{i,\ i+1} = (n - 1)t_i$；　$T_n = mt_i$

式中　　T——流水施工工期；

$\sum K_{i,\ i+1}$——流水施工过程中各流水步距之和；

　　T_n——最后一个施工过程作业的持续时间。

　　等节奏（固定节拍）流水施工是一种最理想的流水施工方式，其特点如下：

　　（1）所有施工过程在各个施工段上的流水节拍均相等。

　　（2）相邻施工过程的流水步距相等，且等于流水节拍。

　　（3）专业工作队数等于施工过程数，即每一个施工过程成立一个专业工作队，由该队完成相应施工过程所有施工段上的任务。

　　（4）各个专业工作队在各施工段上能够连续作业，施工段之间没有空闲时间。

　　若施工中有间歇时间和搭接时间，则流水步距计算公式如下：

$$K_{i,\,i+1} = t_i + t_j - t_d \tag{3.14}$$

式中　$K_{i,i+1}$——流水步距；

　　　t_i——流水节拍；

　　　t_j——施工过程之间的技术或组织间歇时间；

　　　t_d——施工过程之间的搭接时间。

根据固定节拍流水施工的特征，并考虑施工的技术或组织间歇时间及搭接情况，工期可用式（3.15）和式（3.16）求解。

$$T = \sum K_{i,\,i+1} + T_n \tag{3.15}$$

$$T = (m + n - 1)\,t_i - \sum t_d + \sum t_j \tag{3.16}$$

【例 3.3】　某设备安装工程，划分为 4 个施工段组织流水施工，各施工过程在各施工段上的流水节拍及所需人数如表 3.3 所示。焊接组装后需进行 2 天的焊接检查，才能进行吊装作业。吊装作业完成后，预留 1 天时间进行管线施工的准备工作。试组织流水施工。

表 3.3　施工过程在各施工段上流水节拍及人数

序号	施工过程	班组人数	流水节拍	备注
1	二次搬运	10	3	
2	焊接组装	10	3	2 天的焊接检查
3	吊装作业	10	3	1 天的施工准备
4	管线施工	15	3	
5	调整试车	4	3	

解：（1）确定流水施工有关参数：

$$m = 4,\ n = 5,\ t_i = 3,\ \sum t_j = 2 + 1 = 3(天)$$

（2）计算工期：

$$T = (m + n - 1)\,t_i - \sum t_d + \sum t_j = (4 + 5 - 1) \times 3 + 3 - 0 = 27(天)$$

（3）绘制流水施工进度图表，如图 3.11 所示。

2. 异节奏流水施工

异节奏流水施工是指同一个施工过程在各施工段上的流水节拍相等，不同施工过程在同一施工段上的流水节拍不一定相等的流水施工方式。

异节奏流水施工的特点如下：

第一，同一施工过程在各个施工段上的流水节拍均相等，不同施工过程之间的流水节拍不尽相等。

第二，相邻施工过程之间的流水步距不尽相等。

第三，专业工作队数等于施工过程数。

第四，各个专业工作队在施工段上能够连续作业，施工段之间可能存在空闲时间。

异节奏流水施工可分为成倍节拍流水施工和异节拍流水施工。

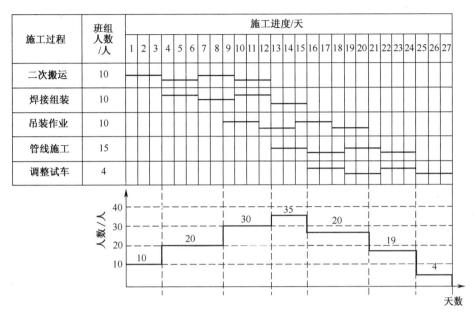

图 3.11　流水施工进度图表

（1）成倍节拍流水施工。成倍节拍流水施工是指同一施工过程在各个施工段上的流水节拍彼此相等，不同施工过程在同一施工段上的流水节拍存在一个整数倍的关系。

1）成倍节拍流水施工工期可用下式求解：

$$T = (m + n' - 1)t_{\min} + \sum t_j - \sum t_d \tag{3.17}$$

式中　n'——参与流水施工班组总数；

　　　$t_{\min}$——最小的流水节拍，$K = t_{\min}$。

2）成倍节拍流水施工的特点。

节拍特征：节拍之间存在最大公约数（$K_{\min}$）。

步距特征：$k_{i,i+1} = t_{\min} + t_j - t_d$。

施工班组特征：$n_i = t/K_{\min}$，$n' = \sum n_i$。

工期特征：$T = (m + n' - 1)t_{\min} + \sum t_j - \sum t_d$。

3）成倍节拍流水施工解题步骤。

第一步：找出 $K_{\min}$，确定 $K_{i,i+1}$。

第二步：计算各施工过程的班组数 n_i，并计算施工班组总数 n'。

第三步：计算工期 T。

第四步：绘制进度计划图表。

【例 3.4】　某室外电缆工程，采用直埋敷设方式，划分为 6 个施工过程，分 4 个施工段组织流水施工。每个施工过程在各施工段上的人数及持续时间如表 3.4 所示。试组织成倍节拍流水施工。

表 3.4 施工过程在各施工段上的人数及时间

序号	施工过程	流水节拍	班组人数/人	施工段数/个
1	开挖电缆沟槽	4	10	6
2	预埋电缆管	6	8	6
3	敷设电缆	6	8	6
4	回填沟槽	2	10	6

解:(1)确定流水施工有关参数。因最小的流水节拍 $t_{min} = 2$,则施工班组:

$$n_1 = t_1/t_{min} = 4/2 = 2$$
$$n_2 = t_2/t_{min} = 6/2 = 3$$
$$n_3 = t_3/t_{min} = 6/2 = 3$$
$$n_4 = t_4/t_{min} = 2/2 = 1$$

施工班组总数:

$$n' = \sum n_i = 2 + 3 + 3 + 1 = 9$$

流水步距:

$$K = t_{min} = 2$$

(2)计算工期:

$$T = (m + n' - 1)t_{min} - \sum t_d + \sum t_j = (6 + 9 - 1) \times 2 + 0 - 0 = 28(天)$$

(3)绘制流水施工进度图表,如图 3.12 所示。

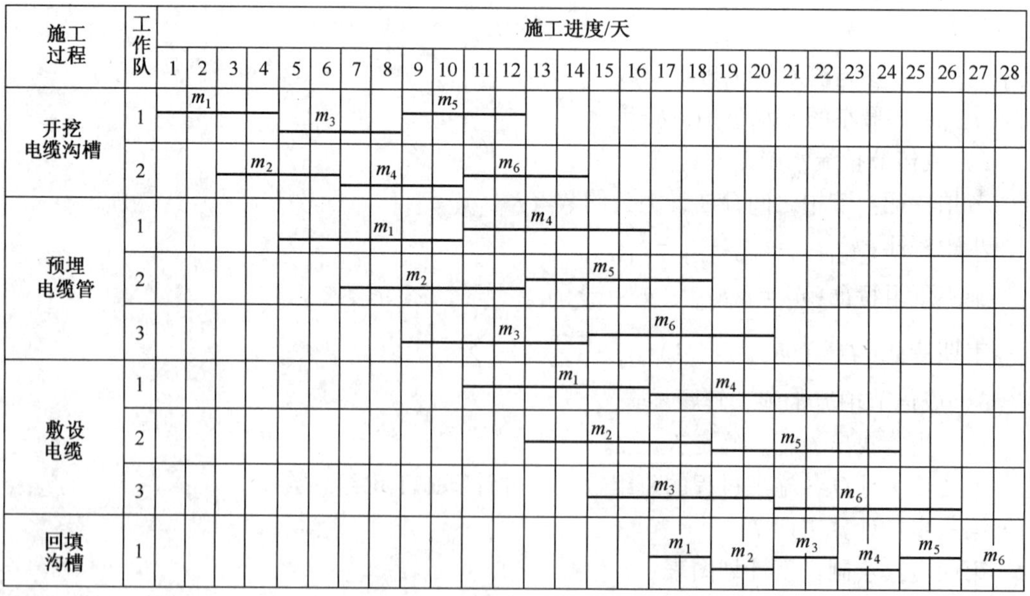

图 3.12 流水施工进度

（2）异节拍流水施工。异节拍流水施工也称异步距异节拍流水，是指同一施工过程在各施工段上的流水节拍相等，不同的施工过程的流水节拍既不相等又不成倍数的流水施工方式。在建筑安装工程中这种流水施工的方式应用较广泛。

流水步距可按式（3.18）和式（3.19）计算。当 $t_i \leqslant t_{i+1}$ 时，采用式（3.18），当 $t_i > t_{i+1}$ 时，采用式（3.19）。

当 $t_i \leqslant t_{i+1}$ 时，
$$K_{i,\ i+1} = t_i + t_j - t_d \tag{3.18}$$

当 $t_i > t_{i+1}$ 时，
$$K_{i,\ i+1} = mt_i - (m-1)t_{i+1} + t_j - t_d \tag{3.19}$$

式中 $K_{i,i+1}$——流水步距；

$\quad\quad t_i$——第 i 个施工过程的流水节拍；

$\quad\quad t_{i+1}$——第 $i+1$ 个施工过程的流水节拍；

$\quad\quad t_j$——施工过程之间的技术或组织间歇时间；

$\quad\quad t_d$——施工过程之间的搭接时间；

$\quad\quad m$——施工段的个数。

流水施工工期可采用下式计算：
$$T = \sum K_{i,\ i+1} + T_n \tag{3.20}$$

式中 $\sum K_{i,\ i+1}$——所有施工过程的流水步距之和；

$\quad\quad T_n$——流水施工中最后一个施工过程的持续时间。

【例 3.5】 某室外给水管线工程，施工过程名称、劳动量、现有人数和施工段如表 3.5 所示。试计算流水节拍、流水步距和工期。

表 3.5 施工过程在各施工段上的人数及时间

施工过程	劳动量/工日	劳动人数/人	施工段数/个
管沟开挖及垫层	480	20	4
管道安装	560	20	4
水压试验	80	10	4
回填土	240	20	4

解：（1）计算流水节拍，按式（3.11）计算：
$$t_1 = 480/(20 \times 4) = 6$$
$$t_2 = 560/(20 \times 4) = 7$$
$$t_3 = 80/(10 \times 4) = 2$$
$$t_4 = 240/(20 \times 4) = 3$$

（2）计算流水步距：
$$t_1 < t_2,\ K_{1,\ 2} = t_1 = 6\,(t_i \leqslant t_{i+1})$$
$$t_2 > t_3,\ K_{2,\ 3} = mt_2 - (m-1)t_3 = 4 \times 7 - (4-1) \times 2 = 22\,(t_i > t_{i+1})$$
$$t_3 < t_4,\ K_{3,\ 4} = t_3 = 2$$

（3）计算工期：

$$T = \sum K_{i,\ i+1} + T_n = (6 + 22 + 2) + 4 \times 3 = 42(\text{天})$$

绘制流水施工进度图表，如图 3.13 所示。

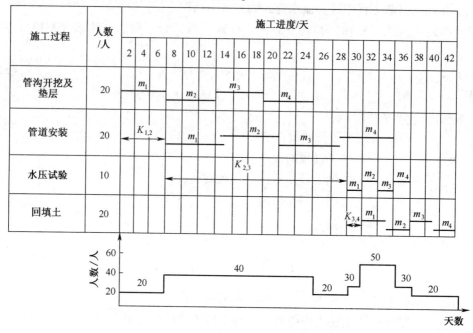

图 3.13　流水施工进度

异步距异节拍流水施工的特点：各施工过程在各施工段上，流水节拍彼此不等，也无特定规律；其流水步距彼此也不全等；每个施工过程在每个施工段上，均由一个专业班组独立完成作业。为了满足流水施工的连续性，确定流水步距比较关键。

3.3.3.2　无节奏流水施工

无节奏流水施工是指同一施工过程在各施工段上的流水节拍不完全相等的一种流水施工方式，也称为分别流水施工。这种组织施工的方式在进度安排上比较自由、灵活，是实际应用最广泛、最常见的一种方法。

无节奏流水施工的特点：

第一，各施工过程在各施工段上的流水节拍彼此不等，也无特定规律。

第二，其流水步距彼此也不全等。

第三，每个施工过程在每个施工段上，均由一个专业班组独立完成作业。

为了满足流水施工的连续性，确定流水步距比较关键。

确定流水步距的步骤，通常用"特考夫斯基法"："逐段累加数列，错位相减，取最大差法"。工期可按下式计算：

$$T = \sum k_{i,\ i+1} + T_n \tag{3.21}$$

式中　$\sum k_{i,\ i+1}$——所有施工过程的流水步距之和；

　　　　T_n——流水施工中最后一个施工过程的持续时间。

【例 3.6】 某工厂需要安装 4 台设备，安排 3 人进行土方开挖，6 人进行基础浇筑，8 人进行设备安装，4 人进行设备调试。因设备型号和基础条件不同，使得它们的流水节拍各不相同（见表 3.6）。根据工艺要求，基础浇筑和安装设备之间有 2 天的间歇时间，试绘制施工流水进度图和劳动力分布图。

表 3.6 设备安装施工流水节拍

施工过程及班组人数	施工段流水节拍/天			
	一	二	三	四
土方开挖（3 人）	1	1	2	2
基础浇筑（6 人）	3	2	4	3
设备安装（8 人）	2	1	3	4
设备调试（4 人）	1	1	1	1

解：（1）无节奏流水施工其计算步骤如下。

第一步：逐段累加。将同一个施工过程的每一个施工段的流水节拍进行累加，形成数列。

土方开挖：1，2，4，6

基础浇筑：3，5，9，12

设备安装：2，3，6，10

设备调试：1，2，3，4

第二步：错位相减。将相邻的两个施工过程形成的流水节拍累加值错位相减，形成数列。

土方开挖与基础浇筑：

$$
\begin{array}{rrrrr}
1, & 2, & 4, & 6 & \\
- & 3, & 5, & 9, & 12 \\
\hline
1, & -1, & -1, & -3, & -12
\end{array}
$$

基础浇筑与设备安装：

$$
\begin{array}{rrrrr}
3, & 5, & 9, & 12 & \\
- & 2, & 3, & 6, & 10 \\
\hline
3, & 3, & 6, & 6, & -10
\end{array}
$$

设备安装与设备调试：

$$
\begin{array}{rrrrr}
2, & 3, & 6, & 10 & \\
- & 1, & 2, & 3, & 4 \\
\hline
2, & 2, & 4, & 7, & -4
\end{array}
$$

第三步：取大差。取相减差数列的最大值，即为相邻两施工过程的流水步距。

$$K_{1,2} = \max\ \{1,\ -1,\ -1,\ -3,\ -12\} = 1\ （天）$$

$$K_{2,3} = \max\ \{3,\ 3,\ 6,\ 6,\ -10\} = 6\ （天）$$

由于基础浇筑与设备安装之间有 2 天的间歇时间，所以

$$K_{2,3} = 6+2 = 8 \ （天）$$

$$K_{3,4} = \max \ \{2, \ 2, \ 4, \ 7, \ -4\} \ = 7 \ （天）$$

（2）计算工期：

$$T = \sum K_{i, \ i+1} + T_n = (1 + 8 + 7) + (1 + 1 + 1 + 1) = 16 + 4 = 20(天)$$

（3）绘制流水施工进度图表，如图 3.14 所示。

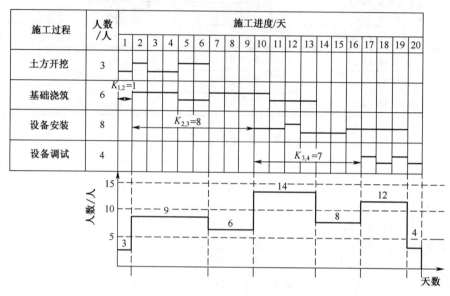

图 3.14　流水施工进度

3.3.4　流水施工组织程序

3.3.4.1　基本程序

流水施工组织的程序主要有以下几步：

（1）确定施工顺序，划分施工过程。

（2）确定施工层，划分施工段。

（3）确定施工过程的流水节拍。

（4）确定流水方式及专业队组数。

（5）确定流水步距。

（6）组织流水施工，计算工期。

（7）绘制流水施工进度计划图表。

3.3.4.2　提示

由于工程项目的复杂性和特殊性，在很多情况下，不可能将所有的施工过程组织进去，在编制施工进度计划时，往往运用流水作业的基本概念，合理选定几个主要参数，保证几个主导施工过程的连续性，其他非主导施工过程只求在施工段上尽可能保持各自连续性，不受施工工艺的约束，不一定步调一致，这样的组织方式有很大的灵活性，有利于计划的实现。

所谓主导施工过程，是指那些对工期有直接影响，或为后续施工过程提供工作面的施工过程。

3.4　网络计划技术

3.4.1　基本概念

网络计划技术，是 20 世纪 50 年代后期随着计算机的应用而发展起来的一种科学计划管理方法，广泛应用于工业、农业、建筑业、国防和科研等领域，1965 年由华罗庚教授引入我国。网络计划技术由于具有统筹兼顾及合理安排的特点，又称统筹法。

3.4.1.1　基本原理

（1）工程网络计划技术主要用于工程项目计划管理。首先，将整个施工项目分解成若干项工作，以规定的网络符号及图形表达多项工作开展的顺序和相互制约及依赖的关系，从左至右排列起来，形成一个网络状图。

（2）通过网络图多项时间参数计算，找出关键工作。

（3）利用优化原理分析其内在规律，不断改进网络计划初始方案，并寻求最优方案。

（4）在执行过程中，对网络计划进行有效的监督和控制，合理使用资源，优质、高效低耗地获取最大经济效益。

3.4.1.2　基本概念

网络计划由箭线和节点组成，用来表示整个计划中各道工序的顺序和所需要时间的逻辑关系的工序流程图。

3.4.1.3　基本类型

网络计划的类型可按照性质、目标、特点、层次和表达的方式不同而进行划分，类型繁多。网络计划的划分基于适用性和广泛性，下面主要叙述三种类型。

1. 双代号网络计划

双代号网络计划由一条箭线和两个节点来表示一项工作的网络图，如图 3.15 和图 3.16 所示。

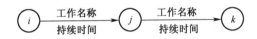

图 3.15　双代号网络图基本形式

图 3.16　双代号网络图示例

2. 时标网络计划

时标网络计划是在横道图的基础上，引入双代号网络计划中各工作之间逻辑关系的一种表达方式。将双代号网络图放入时间坐标内，箭线在时间坐标上的水平投影长度直接表示施工过程的持续时间的网络图，如图 3.17 所示。

图 3.17 时标网络图表示方法

3. 单代号网络计划

单代号网络计划是以一个节点及编号表示一项工作，用箭线表示工作之间的逻辑关系的网络图。节点里面最上面代表施工过程编号，中间代表施工过程名称，最下面表达的是持续时间，如图 3.18 和图 3.19 所示。

图 3.18 单代号网络图基本形式

图 3.19 单代号网络图示例

3.4.2 双代号网络计划

3.4.2.1 双代号网络图的组成

以箭线及两端点的编号表示工作的网络图称为双代号网络图，即用两个节点一根箭线代表一项工作，工作名称写在箭线上，工作持续时间写在箭线下，在箭线前后的衔接处画上节点、编上号码。

双代号网络图由工作（箭线）、事件（节点）和线路三个基本要素组成。

1. 工作（箭线）

（1）工作是指能独立存在的实施性活动，如施工项目、施工过程或工序。

（2）工作可分为需要消耗时间和资源的工作、只消耗时间而不消耗资源的工作、既不消耗时间也不消耗资源的工作。前两种为实工作，后一种为虚工作。

2. 事件（节点）

事件是指网络图中箭线两端有编号的圆圈，也称节点。事件表示工作开始或结束的时刻。它既不消耗时间也不消耗资源。

节点编号方法：沿着水平方向或垂直方向进行，一般采取自然数连续编号，箭尾事件的编号必须小于箭头事件编号。

3. 线路

线路是指从网络图开始事件出发，顺着箭线方向到达网络图结束事件，中间经由一系列事件和箭线所组成的通路。

完成某条线路所需的总持续时间称为该条线路的线路时间。根据每条线路的时间长短，可将网络图的线路分为关键线路和非关键线路两种。

关键线路是指网络图中线路时间最长的线路。其线路时间代表整个网络图的计算总工期。关键线路至少有一条，并以粗箭线或双箭线表示。其余为非关键线路。关键线路上的工作都是关键工作，没有时间储备。

在一定的条件下，关键线路和非关键线路、关键工作和非关键工作可以相互转化。

3.4.2.2　双代号网络图的绘制

1. 正确表达工作之间的逻辑关系

（1）紧前工作：紧排在本工作之前的工作称为本工作的紧前工作。

（2）紧后工作：紧排在本工作之后的工作称为本工作的紧后工作。本工作和紧后工作之间可能有虚工作。

（3）平行工作：可与本工作同时进行的工作称为本工作的平行工作。

双代号网络图逻辑关系如图 3.20 所示。

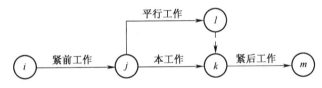

图 3.20　双代号网络图逻辑关系

2. 绘制基本规则

（1）必须正确反映多项工作之间的逻辑关系，如图 3.21、图 3.22 及表 3.7 所示。

施工过程	人数/人	施工进度/天								
		1	2	3	4	5	6	7	8	9
管道预制	6									
管道安装	6									
管道检查	3									

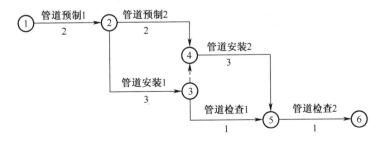

图 3.21　双代号网络图逻辑示例

工作	给水管安装 (A)	排水管安装 (B)	卫生器具安装 (C)	通球试验 (D)
紧前工作	—	—	A、B	B
紧后工作	C	C、D	—	—
时间 /天	10	10	3	1

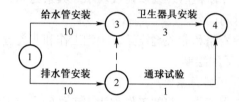

图 3.22 双代号网络图逻辑示例

表 3.7 双代号与单代号网络逻辑关系表达示例

序号	工作间的逻辑关系	网络图上的表示方法		说 明
		双代号	单代号	
1	A、B 两项工作，依次进行施工	○—A→○—B→○	A → B	B 依赖 A，A 约束 B
2	A、B、C 三项工作同时开始施工	○—A→○ ○—B→○ ○—C→○	开始 → A, B, C	A、B、C 三项工作为平行施工方式
3	A、B、C 三项工作同时结束施工	○—A→○ ○—B→○ ○—C→○	A → B, C	A、B、C 三项工作为平行施工方式
4	A、B、C 三项工作，只有 A 完成之后，B、C 才能开始	○—A→○—B→○ └C→○	A → B, C	A 工作制约 B、C 工作的开始
5	A、B、C 三项工作，C 工作只能在 A、B 完成之后开始	○—A→○—C→○ ○—B→○	A、B → C	C 工作依赖于 A、B 工作结束；A、B 工作为平行施工方式

续表

序号	工作间的逻辑关系	网络图上的表示方法		说 明
		双代号	单代号	
6	A、B、C、D 四项工作，当 A、B 完成之后，C、D 才能开始			双代号表示法是以中间事件 i 把四项工作间的逻辑关系表达出来
7	A、B、C、D 四项工作，A 完成之后，C 才能开始；A、B 完成之后，D 才能开始			A 制约 C、D 的开始，B 只制约 D 的开始；A、D 之间引入了虚工作
8	A、B、C、D、E 五项工作，A、B 完成之后，D 才能开始；B、C 完成之后，E 才能开始			D 依赖 A、B 的完成；E 依赖 B、C 的结束；双代号表示法以虚工作表达 A、C 之间的上述逻辑关系
9	A、B、C、D、E 五项工作，A、B、C 完成之后，D 才能开始；B、C 完成之后，E 才能开始			A、B、C 制约 D 的开始；B、C 制约 E 的开始；双代号表示法以虚工作表达逻辑关系
10	A、B 两项工作，按三个施工段进行流水施工			按工种建立两个专业工作队，分别在 3 个施工段上进行流水作业，双代号表示法以虚工作表达工种间的关系

（2）严禁出现循环线路，如图 3.23 所示。

（3）在节点之间严禁出现带双箭头或无箭头的连线，如图 3.24 所示。

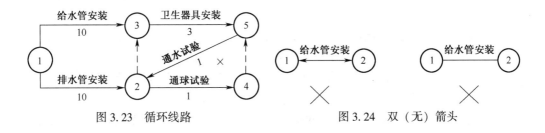

图 3.23 循环线路　　　　　　图 3.24 双（无）箭头

（4）只允许有一个原始节点和一个结束节点，如图 3.25 所示。

（5）严禁出现没有箭头节点或没有箭尾节点的箭线。如图 3.26 所示。

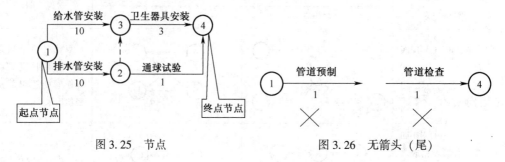

图 3.25 节点　　　　　　　　　　图 3.26 无箭头（尾）

（6）一项工作只有唯一的一条箭线和相应的一对节点编号，如图 3.27 所示。

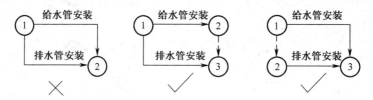

图 3.27 唯一箭线和对应节点

（7）尽可能避免箭线交叉，无法避免时，可采用过桥法或指向法表示，如图 3.28 所示。

（8）布局要合理，层次要清晰，重点要突出，关键工作及关键线路，要以粗箭线或双箭线表示，如图 3.29 所示。

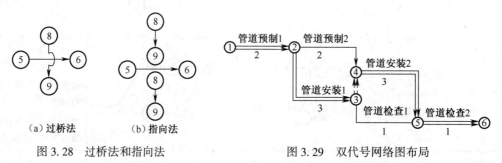

（a）过桥法　　　　（b）指向法

图 3.28 过桥法和指向法　　　　图 3.29 双代号网络图布局

3. 绘图的基本方法（直接绘图法）

（1）首先根据每一项工作的紧前工作找出紧后工作，然后编制各工作之间的逻辑关系表。

（2）按关系表连接各工作之间的箭线，绘制草图。

1）绘制与起点节点相连的工作。没有紧前工作的工作，从起点节点引出。

2）根据各项工作的紧后工作从左到右依次绘制其他各项工作，直至终点节点。

3）合并没有紧后工作的节点，即为终点节点。

（3）检查逻辑关系，整理成正式网络图。去掉多余节点，确认无误后进行节点编号。

3.4.2.3 双代号网络图绘制实例

【例 3.7】 某工程各项工作及相互关系如表 3.8 所示,试绘制双代号网络图。

表 3.8 某工程各项工作之间的逻辑关系

工作	A	B	C	D	E	G	H
紧前工作	—	—	—	A、B	A、B、C	D、E	E
持续时间	2	3	2	5	3	2	1

(1) 根据已知的逻辑关系,列出各工作的紧后工作,如表 3.9 所示。

表 3.9 紧前工作与紧后工作

工作	A	B	C	D	E	G	H
紧前工作	—	—	—	A、B	A、B、C	D、E	E
紧后工作	D、E	D、E	E	G	G、H	—	—

(2) 绘制没有紧前工作的工作箭线,使它们具有相同的开始节点,以保证网络图只有一个起始节点,如图 3.30 所示。

(3) 根据顺序依次绘制各工作的紧后工作,如图 3.31 所示。

(4) 当各项工作箭线都绘制出来之后,应合并那些没有紧后工作的工作箭线的箭头节点,以保证网络图只有一个终点节点,如图 3.32 所示。

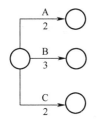

图 3.30 双代号网络图绘制步骤一

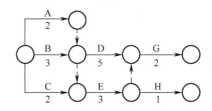

图 3.31 双代号网络图绘制步骤二

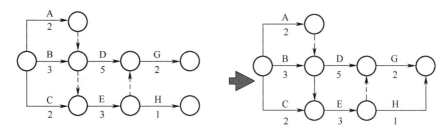

图 3.32 双代号网络图绘制步骤三

(5) 当确认所绘制的网络图正确后,即可进行节点编号。最后再检查逻辑关系是否有错,如图 3.33 所示。

3.4.2.4 双代号网络图时间参数

1. 时间参数符号、含义

（1）事件（节点）时间参数。

1）ET_i——事件（节点）i 最早可能发生的时间，它是从原始事件开始。

2）LT_i——事件（节点）i 最迟时间发生的时间，它是从结束事件开始。

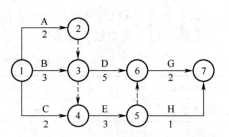

图 3.33 双代号网络图绘制步骤四

（2）工作时间参数。

1）ES_{i-j}——工作 $i-j$ 最早开始时间。

2）EF_{i-j}——工作 $i-j$ 最早结束时间。

3）LF_{i-j}——工作 $i-j$ 最迟结束时间。

4）LS_{i-j}——工作 $i-j$ 最迟开始时间。

5）TF_{i-j}——工作的总时差，指不影响总工期的情况下，工作 $i-j$ 所具有的最大机动时间。

6）FF_{i-j}——工作的自由时差，指在不影响其紧后工作 $i-j$ 最早开始时间的前提所具有的机动时间。

7）t_{i-j}——完成该工作 $i-j$ 的持续时间。

（3）工期。

1）T_p——网络计划的计划工期，即施工方自己确定的工期。

2）T_r——网络计划的要求工期，即甲方合同约定的工期。

3）T_c——网络计划的计算工期，即通过网络图或者横道图等方法理论计算得出的工期。

三种工期的关系为

$$T_r \geqslant T_p \geqslant T_c$$

2. 时间参数的标注方法

时间参数的标注方法如图 3.34 和图 3.35 所示。

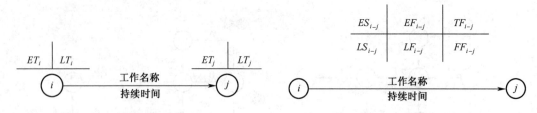

图 3.34 时间参数二时标注法   图 3.35 时间参数六时标注法

3. 时间参数的计算方法

通过网络计划时间参数的计算，可以确定工程项目的工期，明确各分部分项工程起止时间要求，找出关键工作和非关键工作，确定非关键工作的机动时间，为计划的调整和优化提供依据。

网络计划时间参数的计算方法很多，常见的有工作计算法和节点计算法。

（1）工作计算法。

第一步，计算工作的最早开始时间 ES_{i-j} 和最早完成时间 EF_{i-j}。

工作最早开始时间和最早完成时间的计算应从网络计划的起点节点开始，顺着箭线方向依次进行，"箭头相碰，取大值"。其计算步骤如下：

1）以网络计划起点节点为开始节点的工作，当未规定其最早开始时间时，其最早开始时间为零，公式如下：

$$ES_{1,2} = 0 \tag{3.22}$$

2）工作的最早完成时间 EF_{i-j} 可利用式（3.23）进行计算：

$$EF_{i-j} = ES_{i-j} + t_{i-j} \tag{3.23}$$

式中　EF_{i-j}——工作 i–j 的最早完成时间；

$\quad ES_{i-j}$——工作 i–j 的最早开始时间；

$\quad t_{i-j}$——工作 i–j 的持续时间。

3）其他工作的最早开始时间应等于其紧前工作最早完成时间的最大值，计算公式如下：

$$ES_{i-j} = \max\{ES_{h-i} + t_{h-i}\} = \max\{EF_{h-i}\} \tag{3.24}$$

式中　ES_{i-j}——工作 i–j 的最早开始时间；

$\quad ES_{h-i}$——工作 i–j 的紧前工作 h–i 的最早开始时间；

$\quad t_{h-i}$——工作 i–j 的紧前工作 h–i 的持续时间；

$\quad EF_{h-i}$——工作 i–j 的紧前工作 h–i 的最早完成时间；

$\quad h$–i——工作 i–j 所有的紧前工作。

注意：相同节点出发的若干个平行工作，其 ES 均相同。

4）网络计划的计算工期应等于以网络计划终点节点为完成节点的工作的最早完成时间的最大值，计算公式如下：

$$T_c = \max\{EF_{i-n}\} = \max\{ES_{i-n} + t_{i-n}\} \tag{3.25}$$

式中　T_c——计算工期；

$\quad EF_{i-n}$——终点节点工作 i–n 的最早完成时间；

$\quad ES_{i-n}$——终点节点工作 i–n 的最早开始时间；

$\quad t_{i-n}$——终点节点工作 i–n 的持续时间。

第二步，确定网络计划的计划工期。

当规定了要求工期时，计划工期不应超过要求工期，即 $T_p \leqslant T_r$；当未规定要求工期时，可令计划工期等于计算工期，即 $T_p = T_c$。

第三步，计算工作的最迟完成时间 LF_{i-j} 和最迟开始时间 LS_{i-j}。

工作最迟完成时间和最迟开始时间的计算应从网络计划的终点节点开始，逆着箭线方向依次进行。其计算步骤如下：

1）以网络计划终点节点为完成节点的工作，其最迟完成时间等于网络计划的计算工期，计算公式如下：

$$LF_{i-n} = LT_n = T_c \tag{3.26}$$

式中　　T_c——计算工期；

　　LF_{i-n}——终点节点工作 i-n 的最迟完成时间；

　　LT_n——终点节点 n 的最迟时间。

2）工作的最迟开始时间可利用下式进行计算：

$$LS_{i-j} = LF_{i-j} - t_{i-j} \qquad (3.27)$$

式中　　LS_{i-j}——工作 i-j 的最迟开始时间；

　　LF_{i-j}——工作 i-j 的最迟完成时间；

　　t_{i-j}——工作 i-j 的持续时间。

3）其他工作的最迟完成时间应等于其紧后工作最迟开始时间的最小值，计算公式如下：

$$LF_{i-j} = \min\{LS_{j-k}\} = \min\{LF_{j-k} - t_{j-k}\} \qquad (3.28)$$

式中　　LF_{i-j}——工作 i-j 的最迟完成时间；

　　LS_{j-k}——工作 i-j 的紧后工作 j-k 的最迟开始时间；

　　LF_{j-k}——工作 i-j 的紧后工作 j-k 的最迟完成时间；

　　t_{j-k}——工作 i-j 的紧后工作 j-k 的持续时间；

　　j-k——工作 i-j 所有的紧后工作。

第四步，计算工作的总时差 TF_{i-j}。

工作的总时差等于该工作最迟完成时间与最早完成时间之差，或该工作最迟开始时间与最早开始时间之差，可通过下式计算：

$$TF_{i-j} = LF_{i-j} - EF_{i-j} = LS_{i-j} - ES_{i-j} \qquad (3.29)$$

式中　　TF_{i-j}——工作 i-j 的总时差；

　　LF_{i-j}——工作 i-j 的最迟完成时间；

　　EF_{i-j}——工作 i-j 的最早完成时间；

　　LS_{i-j}——工作 i-j 的最迟开始时间；

　　ES_{i-j}——工作 i-j 的最早开始时间。

第五步，计算工作的自由时差 FF_{i-j}。

工作自由时差的计算应按以下两种情况分别考虑：

1）对于有紧后工作的工作，其自由时差等于紧后工作最早开始时间减本工作最早完成时间所得之差的最小值，计算公式如下：

$$FF_{i-j} = \min\{ES_{j-k} - EF_{i-j}\} = \min\{ES_{j-k} - ES_{i-j} - t_{i-j}\} \qquad (3.30)$$

式中　　FF_{i-j}——工作 i-j 的自由时差；

　　ES_{j-k}——工作 i-j 的紧后工作 j-k 的最早开始时间；

　　EF_{i-j}——工作 i-j 的最早完成时间；

　　ES_{i-j}——工作 i-j 的最早开始时间；

　　t_{i-j}——工作 i-j 的持续时间。

2）对于无紧后工作的工作，也就是以网络计划终点节点为完成节点的工作，其自由时差等于计算工期与本工作最早完成时间之差，计算公式如下：

$$FF_{i-n} = T_c - EF_{i-n} = T_c - ES_{i-n} - t_{i-n} \qquad (3.31)$$

式中　FF_{i-n}——终点节点工作 $i-n$ 的自由时差；

$\qquad T_c$——计算工期；

$\qquad EF_{i-n}$——终点节点工作 $i-n$ 的最早完成时间；

$\qquad ES_{i-n}$——终点节点工作 $i-n$ 的最早开始时间；

$\qquad t_{i-n}$——终点节点工作 $i-n$ 的持续时间。

第六步，确定关键工作和关键线路。

在网络计划中，总时差最小的工作为关键工作。当网络计划的计划工期等于计算工期时，总时差为零的工作就是关键工作。找出关键工作之后，将这些关键工作首尾相连，便构成从起点节点到终点节点的通路，这条通路就是关键线路。在关键线路上可能有虚工作存在。关键线路一般用粗箭线或双线箭线标出，也可以用彩色箭线标出。关键线路上各项工作的持续时间总和应等于网络计划的计算工期，这一特点也是判别关键线路是否正确的准则。

当工作数量不多时，可直接在网络图上进行计算。

工作计算法的图上计算过程：首先，沿网络图箭线方向从左往右，依次计算各项工作的最早可以开始时间并确定计划工期；其次，逆箭线方向从右往左，依次计算各项工作的最迟必须开始时间；最后，计算工作的总时差和自由时差。

【例3.8】　某市政工程由管道预制、管道安装和管道验收三个分项工程组成；它在平面上划分为 1、2 两个施工段；各分项工程在各个施工段的持续时间如图 3.36 所示。试计算该网络图的各项时间参数。

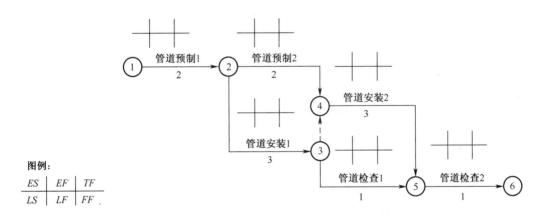

图 3.36　某工程网络图

解：第一步，计算工作最早可能开始（ES_{i-j}）和结束（EF_{i-j}）时间。

$$ES_{1,2} = 0 \text{ , } EF_{1,2} = ES_{1,2} + t_{1,2} = 0 + 2 = 2$$

$$ES_{2,3} = EF_{1,2} = 2 \text{ , } EF_{2,3} = ES_{2,3} + t_{2,3} = 2 + 3 = 5$$

$$ES_{2,4} = EF_{1,2} = 2 \text{ , } EF_{2,4} = ES_{2,4} + t_{2,4} = 2 + 2 = 4$$

$$ES_{3,5} = EF_{2,3} = 5 \text{ , } EF_{3,5} = ES_{3,5} + t_{3,5} = 5 + 1 = 6$$

$$ES_{4,5} = \max\{EF_{2,4}, EF_{3,4}\} = 5 \text{ , } EF_{4,5} = ES_{4,5} + t_{4,5} = 5 + 3 = 8$$

$$ES_{5,6} = \max\{EF_{3,5}, EF_{4,5}\} = \max\{6,8\} = 8, \quad EF_{5,6} = ES_{5,6} + t_{5,6} = 8 + 1 = 9$$

第二步，计算工作最迟完成（$LF_{i,j}$）和最迟开始时间（$LS_{i,j}$）。

$$LF_{5,6} = 9, \quad LS_{5,6} = LF_{5,6} - t_{5,6} = 9 - 1 = 8$$

$$LF_{3,5} = LS_{5,6} = 8, \quad LS_{3,5} = LF_{3,5} - t_{3,5} = 8 - 1 = 7$$

$$LF_{4,5} = LS_{5,6} = 8, \quad LS_{4,5} = LF_{4,5} - t_{4,5} = 8 - 3 = 5$$

$$LF_{2,3} = \min\{LS_{3,4}, LS_{4,5}\} = \min\{5,7\} = 5, \quad LS_{2,4} = LF_{2,4} - t_{2,4} = 5 - 3 = 2$$

$$LF_{2,4} = LS_{4,5} = 5, \quad LS_{2,3} = LF_{2,3} - t_{2,3} = 5 - 2 = 3$$

$$LF_{1,2} = \min\{LS_{2,3}, LS_{2,4}\} = \min\{2,3\} = 2, \quad LS_{1,2} = LF_{1,2} - t_{1,2} = 2 - 2 = 0$$

第三步，计算工作时差。工作总时差 $TF_{i,j}$：

$$TF_{1,2} = LS_{1,2} - ES_{1,2} = 0 - 0 = 0$$

$$TF_{2,3} = LS_{2,3} - ES_{2,3} = 2 - 2 = 0$$

$$TF_{2,4} = LS_{2,4} - ES_{2,4} = 3 - 2 = 1$$

$$TF_{3,5} = LS_{3,5} - ES_{3,5} = 7 - 5 = 2$$

$$TF_{4,5} = LS_{4,5} - ES_{4,5} = 5 - 5 = 0$$

$$TF_{5,6} = LS_{4,7} - ES_{4,7} = 8 - 8 = 0$$

工作自由时差 $FF_{i,j}$：

$$FF_{1,2} = ES_{2,3} - EF_{1,2} = 2 - 2 = 0$$

$$FF_{2,3} = ES_{3,5} - EF_{2,3} = 5 - 5 = 0$$

$$FF_{2,4} = ES_{4,5} - EF_{2,4} = 5 - 4 = 1$$

$$FF_{3,5} = ES_{5,6} - EF_{3,5} = 8 - 6 = 2$$

$$FF_{4,5} = ES_{5,6} = 8 - 8 = 0$$

$$FF_{5,6} = T_p - EF_{5,6} = 0$$

第四步，确定关键路径。总时差为零的工作就是关键工作，本例关键工作有 1—2、2—3、3—4、4—5、5—6 五项工作。

关键路径有一条：1—2—3—4—5—6。

该工程网络各时间参数计算结果如图 3.37 所示。

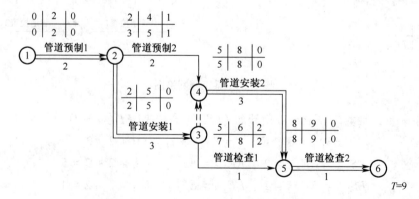

图 3.37 某工程网络图时间参数计算结果

【**例 3.9**】　如图 3.38 所示。试直接在网络图上计算该网络图的各项时间参数。

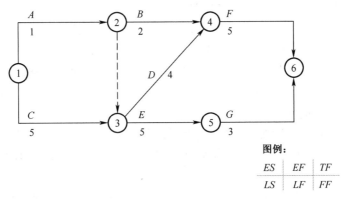

图 3.38　某工程网络图

解：该工程网络图时间参数计算结果如图 3.39 所示。

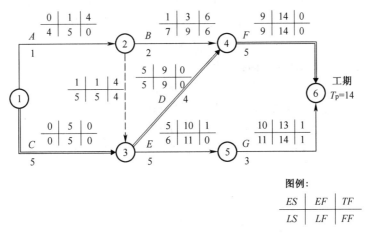

图 3.39　某工程网络图各项时间参数计算结果

（2）节点计算法。

1）节点最早时间。节点最早时间计算一般从起始节点开始，顺着箭线方向按序号依次逐项进行，逢箭头相碰取大值。

a. 起始节点。若未规定最早时间 ET_i，起始节点 i 值应等于零，公式如下：

$$ET_i = 0(i = 1) \tag{3.32}$$

式中　ET_i——节点 i 的最早时间。

b. 其他节点。当节点 j 只有一条内向箭线时，节点 j 的最早时间 ET_j 采用式（3.33）计算，当节点 j 有多条内向箭线时，采用式（3.34）：

当节点 j 只有一条内向箭线时，　　　　$$ET_j = ET_i + t_{i-j} \tag{3.33}$$

当节点 j 有多条内向箭线时，　　　　$$ET_j = \max\{ET_i + t_{i-j}\} \tag{3.34}$$

式中　ET_j——节点 j 的最早时间；

　　　ET_i——节点 i 的最早时间；

t_{i-j}——工作 i-j 的持续时间。

c. 计算工期 T_c，可通过式（3.35）计算：

$$T_c = ET_n \tag{3.35}$$

式中　ET_n——终点节点 n 的最早时间。

计算工期得到后，可以确定计划工期 T_p，计划工期应满足以下条件。

当已规定了要求工期：$T_p \leqslant T_r$

当未规定要求工期：$T_p = T_c$

2）节点最迟时间。节点最迟时间从网络计划的终点开始，逆着箭线的方向依次逐项计算，逢箭尾相碰取小值。当部分工作分期完成时，有关节点的最迟时间必须从分期完成节点开始逆向逐项计算。

a. 终点节点。终点节点 n 的最迟时间 LT_n，应按网络计划的计划工期 T_p 确定，即

$$LT_n = T_p$$

分期完成节点的最迟时间应等于该节点规定的分期完成的时间。

b. 其他节点。其他节点 i 的最迟时间 LT_i 可通过下式计算：

$$LT_i = \min\{LT_i - t_{i-j}\} \tag{3.36}$$

式中　LT_j——工作 i - j 的箭头节点的最迟时间。

3）工作的总时差。工作的总时差计算公式：

$$TF_{i-j} = LT_j - ET_i - t_{i-j}$$

4）工作的自由时差。工作的自由时差计算公式：

$$FF_{i-j} = ET_j - ET_i - t_{i-j}$$

【例 3.10】　如图 3.40 所示，试计算各节点的最早开始时间。

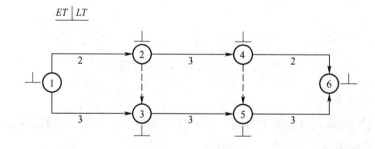

图 3.40　某工程网络图

解：第一步，计算节点的最早时间 ET_i：

$ET_1 = 0$

$ET_2 = ET_1 + t_{1-2} = 0 + 2 = 2$

$ET_3 = \max\{ET_2 + t_{2-3}, \ ET_1 + t_{1-3}\} = \{2 + 0 = 2, \ 0 + 3 = 3\} = 3$

$ET_4 = ET_2 + t_{2-4} = 2 + 3 = 5$

$ET_5 = \max\{ET_4 + t_{4-5}, \ ET_3 + t_{3-5}\} = \{5 + 0 = 5, \ 3 + 3 = 6\} = 6$

$ET_6 = \max\{ET_4 + t_{4-6}, \ ET_5 + t_{5-6}\} = \{5 + 2 = 7, \ 6 + 3 = 9\} = 9$

第二步，计算节点的最迟时间 LT_i：

$LT_6 = T_p = 9$

$LT_5 = LT_6 - t_{5-6} = 9 - 3 = 6$

$LT_4 = \min\{LT_6 - t_{4-6},\ LT_5 - t_{4-5}\} = \{9 - 2 = 7,\ 6 - 0 = 6\} = 6$

$LT_3 = LT_5 - t_{3-5} = 6 - 3 = 3$

$LT_2 = \min\{LT_4 - t_{2-4},\ LT_3 - t_{2-3}\} = \{5 - 3 = 2,\ 3 - 0 = 3\} = 2$

$LT_1 = \min\{LT_2 - t_{1-2},\ LT_3 - t_{1-3}\} = \{2 - 2 = 0,\ 3 - 3 = 0\} = 0$

第三步，计算工作的总时差 TF_{i-j} 计算：

$TF_{1-2} = LT_2 - ET_1 - t_{1-2} = 3 - 0 - 2 = 1$

$TF_{1-3} = LT_3 - ET_1 - t_{1-3} = 3 - 0 - 3 = 0$

$TF_{2-4} = LT_4 - ET_2 - t_{2-4} = 6 - 2 - 3 = 1$

$TF_{3-5} = LT_5 - ET_3 - t_{3-5} = 6 - 3 - 3 = 0$

$TF_{4-6} = LT_6 - ET_4 - t_{4-6} = 9 - 5 - 2 = 2$

$TF_{5-6} = LT_6 - ET_5 - t_{5-6} = 9 - 6 - 3 = 0$

第四步，计算工作的自由时差 FF_{i-j}：

$FF_{1-2} = ET_2 - ET_1 - t_{1-2} = 2 - 0 - 2 = 0$

$FF_{1-3} = ET_3 - ET_1 - t_{1-3} = 3 - 0 - 3 = 0$

$FF_{2-4} = ET_4 - ET_2 - t_{2-4} = 5 - 2 - 3 = 0$

$FF_{3-5} = ET_5 - ET_3 - t_{3-5} = 6 - 3 - 3 = 0$

$FF_{4-6} = ET_6 - ET_4 - t_{4-6} = 9 - 5 - 2 = 2$

$FF_{5-6} = ET_6 - ET_5 - t_{5-6} = 9 - 6 - 3 = 0$

该工程网络图的时间参数计算结果如图 3.41 所示。

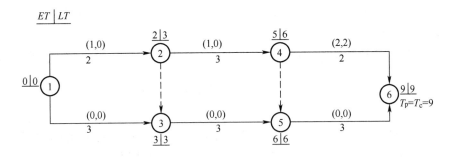

图 3.41　某工程网络图节点计算结果

【例 3.11】　某建筑安装工程，双代号网络计划如图 3.42 所示，试计算各节点的时间。

解：该工程工作节点计算时间参数如图 3.43 所示。

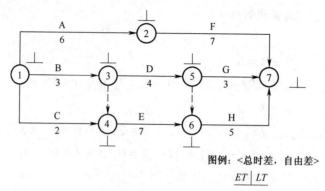

图 3.42 某工程网络图

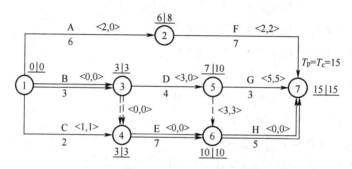

图 3.43 某工程网络图节点计算时间参数结果

3.4.3 时标网络计划

3.4.3.1 时标网络计划的特点

时标网络计划，是在双代号网络计划的基础上，引入了横道图的基本原理，以时间坐标为尺度绘制的网络图。它融合了两者的优点，弥补了两者的不足，既表明了各工作之间的逻辑关系，又清晰地将时间参数直观、形象地表达出来。

时标网络计划在建筑工程施工中应用广泛，尤其在工期一定时，对劳动力的均衡、控制，具有良好的效果。其具体特点如下：

（1）时标网络计划兼有网络计划与横道计划两者的优点，可以直观地表明计划的时间进程。

（2）时标网络计划能在图上直接显示多项工作的开始与完成时间、工作自由时差及关键线路。

（3）时标网络计划在绘制中，受到时间坐标的制约，不易产生循环回路类的逻辑错误。

（4）时标网络计划可以直接显示资源需要量，便于进行资源优化与调整。

（5）因箭线受时标的约束，故绘制不易，修改也较麻烦，统统要重新绘图。

3.4.3.2 时标网络绘制的一般规定

（1）时标网络计划以水平时间坐标为尺度表示工作时间，单位应在编制前规定，可为小时、天、周或月度。

（2）时标网络计划以实箭线表示工作，以虚箭线表示虚工作，以波形线表示工作的自由时差。

（3）时标网络计划中所有符号在时间坐标上的水平投影位置都必须与其时间参数值对应，节点中心必须对应相应的时标位置。

3.4.3.3 时标网络计划绘制的方法

时标网络计划一般是从工作的最早开始时间开始绘制，绘制的方法有直接绘制法和间接绘制法两种。

1. 间接绘制法

（1）先绘制双代号网络图，计算节点的最早时间参数，确定关键工作及关键线路。

（2）根据确定的时间单位，绘制时标横轴。

（3）根据多节点最早时间确定多节点相应位置。

（4）依次在多节点绘出箭线。绘制时应先绘关键线路，再绘非关键线路。

（5）用波形线把实线部分与其紧后工作的开始节点连接起来，以表示自由时差。

【例 3.12】 某建筑安装工程双代号网络计划如图 3.44 所示。试用间接绘制法将它绘成时标网络图。

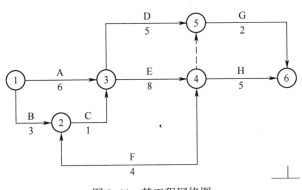

图 3.44 某工程网络图

解：（1）计算节点时间参数（ET_i），确定工期，计算结果如图 3.45 所示。

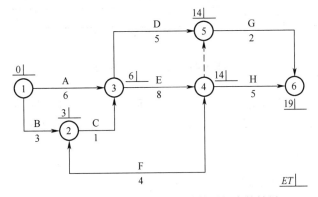

图 3.45 某工程网络图节点计算时间参数结果

（2）根据确定的工期，绘制时标横轴，如图 3.46 所示。

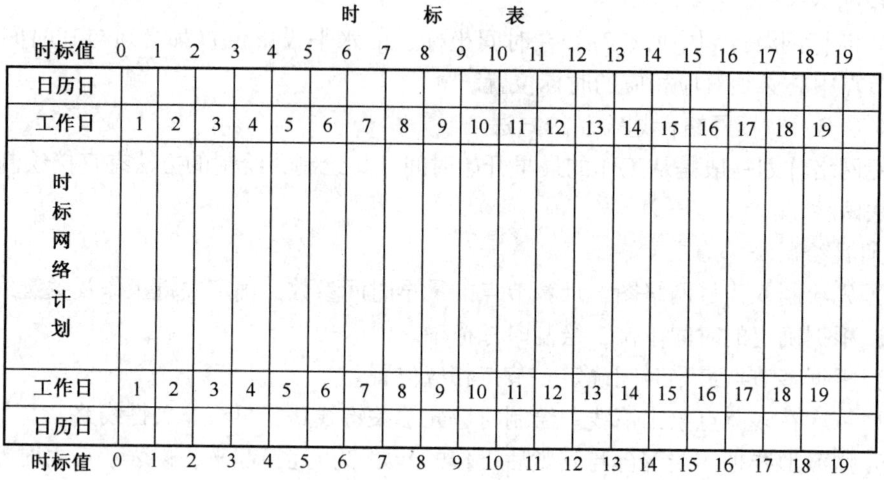

时　标　表

时标值	0	1	2	3	4	5	6	7	8	9	10	11	12	13	14	15	16	17	18	19
日历日																				
工作日		1	2	3	4	5	6	7	8	9	10	11	12	13	14	15	16	17	18	19
时标网络计划																				
工作日		1	2	3	4	5	6	7	8	9	10	11	12	13	14	15	16	17	18	19
日历日																				
时标值	0	1	2	3	4	5	6	7	8	9	10	11	12	13	14	15	16	17	18	19

图 3.46　时标横轴

（3）将所有节点按其最早时间定位在时标网络计划表中的相应位置，如图 3.47 所示。

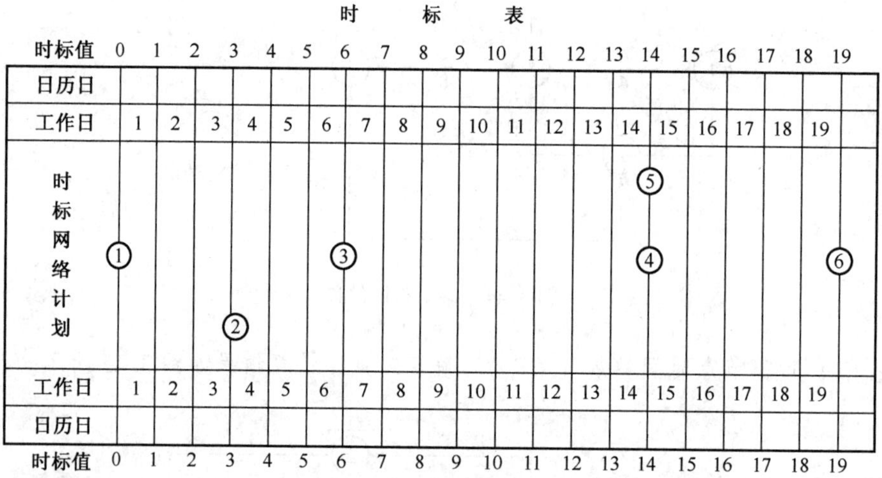

时　标　表

时标值	0	1	2	3	4	5	6	7	8	9	10	11	12	13	14	15	16	17	18	19
日历日																				
工作日		1	2	3	4	5	6	7	8	9	10	11	12	13	14	15	16	17	18	19
时标网络计划	①		②		③									④ ⑤					⑥	
工作日		1	2	3	4	5	6	7	8	9	10	11	12	13	14	15	16	17	18	19
日历日																				
时标值	0	1	2	3	4	5	6	7	8	9	10	11	12	13	14	15	16	17	18	19

图 3.47　定节点最早时间

（4）依次在多节点绘出箭线，实线长度表示工作的持续时间；用波形线把实线部分与其紧后工作的开始节点连接起来，以表示自由时差，如图 3.48 所示。

从图 3.48 中可知：

1）工期 $T_c = 19$ 天。

2）每个工序的最早开始时间和最早完成时间。

3）每个工序的自由时差。

4）关键线路：1—3—4—6。

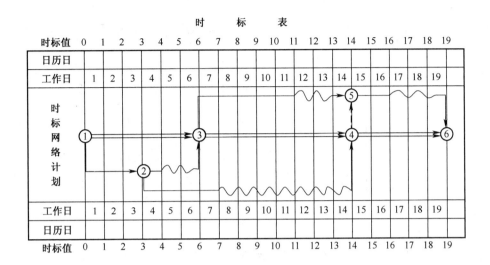

图 3.48　绘制时标网络图

2. 直接绘制法

直接绘制法不用计算网络时间参数，直接在时间坐标上进行绘制，其步骤和方法口诀为箭线长短时标跟，曲直斜平利相连，箭线画完画节点，画完节点补波线。

（1）箭线长短时标跟。箭线的长短代表具体的施工持续时间，受到时间坐标的制约。

（2）曲直斜平利相连。箭线的表达方式可以是直线、折线或斜线等，布局应合理、直观、清晰，尽量横平竖直。

（3）箭线画完画节点。工作的开始节点，必须在该工作的全部紧前工作画完后才能定位。

（4）画完节点补波线。某些工作的箭线长度不足，可用波形线补足，箭头指向与位置不变。

【例 3.13】 某建筑安装工程，双代号网络计划如图 3.49 所示。试用直接绘制法将它绘成时标网络图。

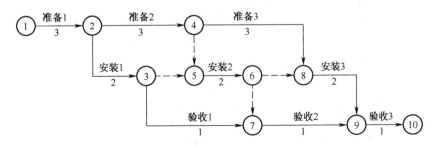

图 3.49　某建筑安装工程双代号网络计划图

解：(1) 将双代号网络图的起点节点定在起始刻度线上，如图 3. 50 所示。

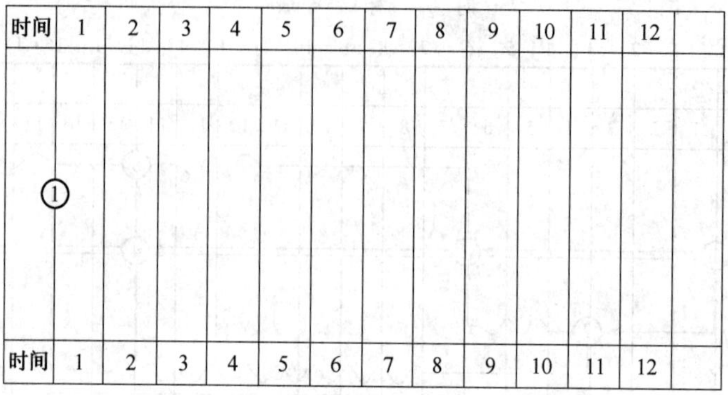

时间
1
2
3
4
5
6
7
8
9
10
11
12
①
时间
1
2
3
4
5
6
7
8
9
10
11
12

图 3. 50　定起始节点

(2) 按照双代号网络图的施工顺序从左至右按工作持续时间绘制每个节点的外向箭线，如图 3. 51 所示。

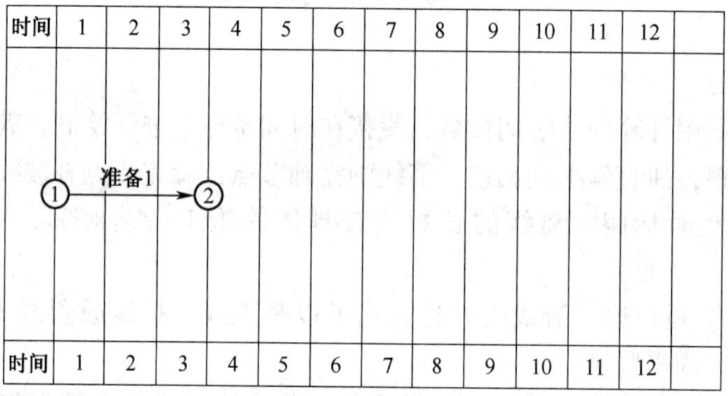

时间
1
2
3
4
5
6
7
8
9
10
11
12
①
准备1
②
时间
1
2
3
4
5
6
7
8
9
10
11
12

图 3. 51　绘制箭头

(3) 每个节点必须在其所有内向箭线全部绘出后，定位在最晚完成的实箭线箭头处。未到该节点者，用波浪线补足，如图 3. 52 所示。

时间
1
2
3
4
5
6
7
8
9
10
11
12
准备2
准备3
安装3
准备1
安装2
验收3
安装1
验收1
验收2
时间
1
2
3
4
5
6
7
8
9
10
11
12

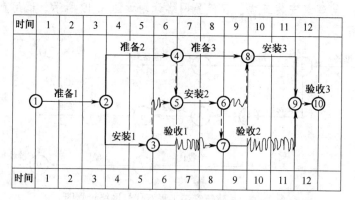

图 3. 52　绘制剩下的节点与箭线

（4）绘制关键线路，自起点节点至终点节点，自始至终不出现波形线的线路为关键线路，如图 3.53 所示。

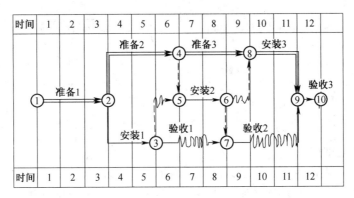

图 3.53 绘制关键线路

3.4.3.4 关键线路和时间参数的确定

（1）关键线路。自终点节点逆箭线方向朝开始节点观察，自始至终不出现波形线的线路为关键线路。

（2）计算工期。时标网络的结束节点至开始节点所在位置的时标值之差是时标网络的计算工期。

（3）最早开始时间和最早结束时间。在早时间时标网络图中，每条箭线的箭尾和箭头对应的时标值是该工作的最早开始时间和最早结束时间。

（4）自由时差。各工作的自由时差为代表该工作箭线的波形线在坐标轴上的水平投影长度。

（5）总时差。时标网络的总时差应通过计算确定。计算应自右向左进行：终点节点（$j=n$）的总时差 TF_{i-n} 等于计划工期 T_c 与收尾工作最早完成时间 EF_{i-n} 之差，计算公式如下：

$$TF_{i-n} = T_c - EF_{i-n} \tag{3.37}$$

其他节点的总时差 TF_{i-j} 等于诸紧后工作总时差 TF_{j-k} 的最小值与本工作的自由时差 FF_{i-j} 之和，计算公式如下：

$$TF_{i-j} = \min\{TF_{j-k}\} + FF_{i-j} \tag{3.38}$$

（6）工作最迟开始时间。工作的最迟开始时间 LS_{i-j} 等于最早开始时间 ES_{i-j} 与总时差 TF_{i-j} 之和，计算公式如下：

$$LS_{i-j} = ES_{i-j} + TF_{i-j} \tag{3.39}$$

（7）工作最迟结束时间。工作的最迟结束时间 LF_{i-j} 等于最早结束时间 EF_{i-j} 与总时差 TF_{i-j} 之和，计算公式如下：

$$LF_{i-j} = EF_{i-j} + TF_{i-j} \tag{3.40}$$

3.4.4 单代号网络计划

以节点及编号表示工作，以箭线表示工作之间的逻辑关系的网络图称为单代号网络图。即每一个节点表示一项工作，节点所表示的工作名称，持续时间和工作代号等标注在节点内，如图 3.54 所示。

图 3.54　某工程网络图

3.4.4.1　单代号网络图的绘制

绘制的基本规则如下：

（1）必须正确表达各项工作之间相关制约和价款关系。

（2）只允许有一个原始节点和一个终点节点。当出现 2 个起点和终点节点时，应设置虚拟起点和终点，要另行标注。

（3）不允许出现循环回路和重复编号。

（4）不允许出现双向箭线和没有箭头的箭线。

（5）箭线不宜交叉，当无法避免时，采用连桥法表示。

（6）布局要合理，层次要清晰，重点要突出。

3.4.4.2　单代号网络图时间参数

（1）D_i——工作 i 的持续时间。

（2）工作时间参数。

1）ES_i——工作 i 最早开始时间。

2）EF_i——工作 i 最早结束时间。

3）LF_i——工作 i 最迟结束时间。

4）LS_i——工作 i 最迟开始时间。

5）TF_i——工作 i 的总时差。

6）FF_i——工作 i 的自由时差。

（3）LAG_{i-j}——工作 $i-j$ 的时间间隔。

（4）工期。

1）T_p——网络计划的计划工期，即施工方自己确定的工期。

2）T_r——网络计划的要求工期，即甲方合同约定的工期。

3）T_c——网络计划的计算工期，即通过网络图或者横道图等方法理论计算得出的工期。

3.4.4.3　单代号网络的计算

单代号网络计划与双代号网络计划只是表现形式不同，它们所表达的内容则完全一样。其计算步骤如下：

第一步，计算工作的最早开始时间和最早完成时间。此过程与双代号网络计划完全相同。

工作最早开始时间和最早完成时间的计算应从网络计划的起点节点开始，顺着箭线方向按节点编号从小到大的顺序依次进行。其计算步骤如下：

（1）网络计划起点节点所代表的工作，其最早开始时间 ES_i 未规定时取值为零，即 $ES_i = 0$。

（2）工作的最早完成时间应等于本工作的最早开始时间与其持续时间之和，计算公式如下：

$$EF_i = ES_i + D_i \tag{3.41}$$

（3）其他工作的最早开始时间应等于其紧前工作最早完成时间的最大值，计算公式如下：

$$ES_i = \max\{EF_i\} \tag{3.42}$$

（4）网络计划的计算工期等于其终点节点所代表的工作的最早完成时间，计算公式如下：

$$T_i = EF_F \tag{3.43}$$

第二步，计算相邻两项工作之间的时间间隔。

相邻两项工作之间的时间间隔是指其紧后工作的最早开始时间与本工作最早完成时间的差值，计算公式如下：

$$LAG_{i-j} = ES_j - EF_i \tag{3.44}$$

第三步，确定网络计划的计划工期。

网络计划的计划工期仍按公式确定。当已规定了要求工期时，计划工期不应超过要求工期，即 $T_p \leqslant T_r$；当未规定要求工期时，可令计划工期等于计算工期，即 $T_p = T_c$。

第四步，计算工作的总时差。

工作总时差的计算应从网络计划的终点节点开始，逆着箭线方向按节点编号从大到小的顺序依次进行。

（1）网络计划终点节点 n 所代表的工作的总时差应等于计划工期与计算工期之差，计算公式如下：

$$TF_n = T_p - T_c \tag{3.45}$$

当计划工期等于计算工期时，该工作的总时差为零。

（2）其他工作的总时差应等于本工作与其各紧后工作之间的时间间隔加该紧后工作的总时差所得之和的最小值，计算公式如下：

$$TF_i = \min\{LAG_{i-j} + TF_j\} \tag{3.46}$$

第五步，计算工作的自由时差。

（1）网络计划终点节点 n 所代表的工作的自由时差等于计划工期与本工作的最早完成时间之差，计算公式如下：

$$FF_n = T_p - EF_n \tag{3.47}$$

（2）其他工作的自由时差等于本工作与其紧后工作之间时间间隔的最小值，计算公式如下：

$$FF_n = \min\{LAG_{i-j}\} \tag{3.48}$$

第六步，计算工作的最迟完成时间和最迟开始时间。

工作的最迟完成时间和最迟开始时间的计算可按以下两种方法进行：

其一，根据总时差计算：工作的最迟完成时间等于本工作的最早完成时间与其总时差之和，工作的最迟开始时间等于本工作的最早开始时间与其总时差之和。计算公式如下：

$$LF_i = EF_i + TF_i \tag{3.49}$$

$$LS_i = ES_i + TF_i \tag{3.50}$$

其二，根据计划工期计算：工作最迟完成时间和最迟开始时间的计算应从网络计划的终点节点开始，逆着箭线方向按节点编号从大到小的顺序依次进行。

（1）网络计划终点节点 n 所代表的工作的最迟完成时间等于该网络计划的计划工期，计算公式如下：

$$LF_n = T_p \tag{3.51}$$

（2）工作的最迟开始时间等于本工作的最迟完成时间与其持续时间之差，计算公式如下：

$$LS_i = LF_i - D_i \tag{3.52}$$

（3）其他工作的最迟完成时间等于该工作各紧后工作最迟开始时间的最小值，计算公式如下：

$$LF_i = \min\{LS_j\} \tag{3.53}$$

第七步，确定网络计划的关键线路。

（1）利用关键工作确定关键线路：如前所述，总时差最小的工作为关键工作。将这些关键工作相连，并保证相邻两项关键工作之间的时间间隔为零而构成的线路就是关键线路。

（2）利用相邻两项工作之间的时间间隔确定关键线路：从网络计划的终点节点开始，逆着箭线方向依次找出相邻两项工作之间时间间隔为零的线路就是关键线路。

单代号网络图时间参数的计算方法可采用分析计算法、图上计算法、表上计算法。图3.55 所示为采用"图上计算法"时，工作时间参数的标注形式。

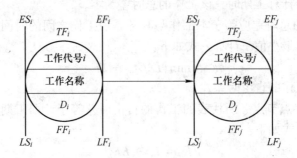

图 3.55　图上计算示例

【例 3.14】　某市政工程，单代号网络图如图 3.56 所示，试计算单代号网络计划的时间参数。

解：单代号网络图时间参数计算结果如图 3.57 所示。

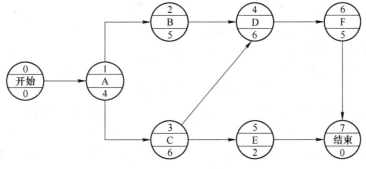

图 3.56 单代号网络图

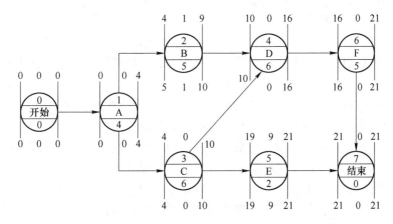

图 3.57 单代号网络图时间参数计算结果

3.4.5 网络计划的优化

网络计划的优化，是指在满足既定的条件下，对某一目标通过不断的调整，寻求最优计划方案的过程。

3.4.5.1 工期优化

工期优化是指当计算工期不能满足要求工期时，通过压缩关键工作的时间以满足要求工期的过程。

（1）压缩关键工作需考虑的因素。

1）压缩对质量、安全影响不大的工作。

2）压缩有充足备用资源的工作。

3）压缩增加费用最少的工作。

（2）压缩的方法。

1）当只有一条关键线路时，在其他情况均能保证的条件下，压缩费用最低的关键工作。

2）当有多条关键线路时，应同时压缩各条关键线路相同的最小费用数值。

3）切忌压缩一步到位。

（3）网络计划的工期优化可按下列步骤进行。

1）确定初始网络计划的计算工期和关键线路。

2）按要求工期计算应缩短的时间 ΔT，计算公式如下：

$$\Delta T = T_c - T_r \tag{3.54}$$

式中　T_c——网络计划的计算工期；

　　　T_r——要求工期。

3）选择应缩短持续时间的关键工作。选择压缩对象时宜在关键工作中考虑下列因素：缩短持续时间对质量和安全影响不大的工作；有充足备用资源的工作；缩短持续时间所需增加的费用最少的工作。

4）将所选定的关键工作的持续时间压缩至最短，并重新确定计算工期和关键线路。若被压缩的工作变成非关键工作，则应延长其持续时间，使之仍为关键工作。

5）当计算工期仍超过要求工期时，则重复上述 3）~4），直至计算工期满足要求工期或计算工期已不能再缩短为止。

6）当所有关键工作的持续时间都已达到其能缩短的极限而寻求不到继续缩短工期的方案，但网络计划的计算工期仍不能满足要求工期时，应对网络计划的原技术方案、组织方案进行调整，或对要求工期进行重新审定。

网络计划的时间优化，除采取直接压缩关键工作的持续时间来达到缩短工期的目的外，还可采用优化工作组织方式，即调整网络计划逻辑关系的方法，通过工艺措施和组织措施来实现。例如，将网络计划中原来串联进行的工作，调整为平行工作和搭接工作，以便在同一时间内开展更多的工作，集中资源投入，充分利用施工现场空间；通过调配计划机动资源，即推迟非关键工作的开始时间或延长非关键工作的持续时间，调出部分资源来支援关键线路上的工作，从而缓解关键线路工作资源的紧张；优化工作的可变顺序，确定最优的组织关系，可以缩短工期。

【例 3.15】　已知某安装工程的网络计划如图 3.58 所示。图中箭线下方括号外数据为工作正常持续时间，括号内数据为工作最短持续时间。假定要求工期为 20 天，试对该原始网络计划进行工期优化。

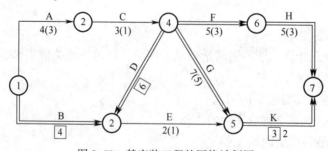

图 3.58　某安装工程的网络计划图

解：（1）找出网络计划的关键线路、关键工作，确定计算工期。

关键线路：①→③→④→⑤→⑦，$T = 25$ 天。

（2）优先压缩工作⑤→⑦，压缩 1 天，如图 3.59 所示，工期为 24 天。

（3）按要求工期尚需压缩 4 天，根据压缩条件，选择工作①→③和工作③→④进行压缩。分别压缩至最短工作时间，关键线路仍为两条，工期为 20 天，如图 3.60 所示，满足要求，优化完毕。

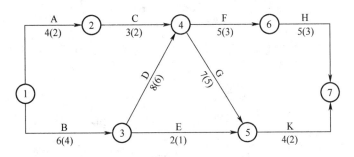

图 3.59　变更后的网络计划图

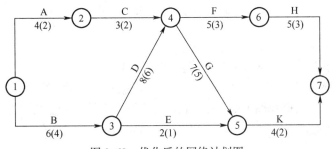

图 3.60　优化后的网络计划图

3.4.5.2　费用优化

费用优化又称成本优化，是工期确定后寻求最低成本计划的过程。

1. 费用与工期的关系

工程总造价由直接费和间接费组成。直接费由人工费、材料费、机械费等组成。当施工方案一定时，工期不同，则直接费会随着工期的缩短而增加，间接费会随着工期的缩短而减少，如图 3.61 所示。

为了进行工期优化，必须分析网络计划中各项工作的直接费与持续时间的关系，这是工期与成本优化的基础。

为了简化计算，可以将直接费用与时间的关系近似认为是一条直线关系，单位时间费用变化率 e 按下式计算：

$$e = (C_s - C_n)/(T_n - T_s) \tag{3.55}$$

式中　C_s——最高直接费；

　　　C_n——最低直接费；

　　　T_n——正常工期；

　　　T_s——最低工期。

（1）最高直接费：工作的直接费增加到某一限值，此时再增加多少直接费，也不能缩短工作时间。此费用界限值为最高直接费。

（2）最低工期：不能再缩短的时间界限值。

（3）正常工期：最低直接费对应的工期。

（4）最低直接费：直接费—工期曲线的最低点所对应的费用。

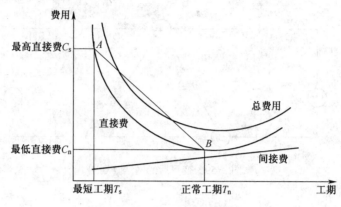

图 3.61　费用与工期的关系

2. 优化的步骤

（1）按工作正常持续时间，确定工期和关键线路。

（2）计算各项工作的直接费用率。

（3）当只有一条关键线路时，应找出直接费用最小的一项关键工作，作为缩短时间的对象；当有多条关键线路时，应找出组合直接费用最小的一组关键工作，作为缩短时间的对象。

3. 优化示例

【例 3.16】　某建筑安装工程网络计划如图 3.62 所示，在节点⑤之前已延迟 15 天，为保证原工期，试进行工期优化。箭线上的数字为压缩一天增加的费用（元/天），箭线下的数字为正常作业时间，箭线下括号内的数字为极限作业时间。

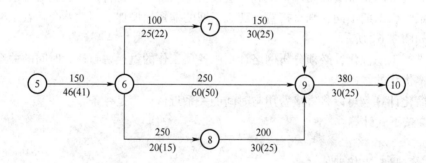

图 3.62　某建筑安装工程的网络计划图

解：（1）⑤—⑥为关键线路，费用最少，可以压缩 5 天，还差 10 天。

（2）考虑压缩⑥—⑨ 5 天，此时，工期还差 5 天，同时，形成了两条关键线路：⑤—⑥—⑦—⑨—⑩和⑤—⑥—⑨—⑩。

（3）这时，压缩的选择较多，从最少费用选择⑥—⑦和⑥—⑨，压缩 3 天。关键线路不变，仍差 2 天。

（4）通过比较，以最少费用选择⑨—⑩，压缩 2 天。

为了保证原工期，费用增加：

$$150×5+250×5+350×3+380×2=3810 （元）$$

图 3.63 所示为四次压缩后的网络计划。

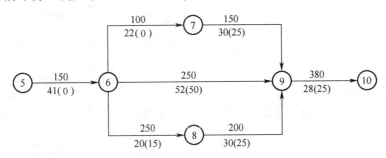

图 3.63　四次压缩后的网络计划图

3.4.5.3　资源优化

资源是指完成一项工程所需投入的人力、材料、机械和资金等。所谓优化，指如何经济、有效、合理地利用这些资源。在通常情况下，资源优化分为两种。

1. 资源有限，工期最短

通过计划安排和调整，在满足资源有限的条件下，使工期尽可能最短，其步骤如下：

（1）编制网络计划，计算每个时间单位的资源需用量。

（2）从计划开始实施起，逐个检查每个时期的资源需用量是否超过所能供应的数量。如果整个工期范围均能满足，则计划是可行的，否则就要进行调整。

（3）对于两次平行作业的工作 M 和 N，为了降低相应时间的资源需用量，现将工作 N 安排在工作 M 之后进行。

（4）对调整好的网络计划，需重新计算每个时间的资源需用量。

（5）反复调整，直至整个工期范围内每个时间单位的资源需用量均满足限量为止。

2. 工期固定，资源均衡

安排工程进度计划时，资源需用量尽可能做到均衡，避免过多的高峰和低谷，这不仅有利于施工的组织与管理，还可以降低工程费用。

工期固定，资源均衡的优化方法较多，如方差值最小法、格差值最小法、削高峰法等。目前用得较多的是前高峰法，可借助横道图加以分析，实现优化。

（1）主要原则。

1）优先保证关键工作对资源的需求。

2）充分利用总时差，合理错开各工作的开工时间，尽可能使资源连续均衡使用。

（2）具体步骤。

1）计算出网络计划各工作的时间参数。

2）按照各工作最早开始时间、持续时间，画出各工作的时间横道图表。

3）绘出资源用量的时间分布图。

4）若资源用量时间分布不均衡，可利用总时差调整各工作的开工时间，使资源趋于平衡。

【**例 3.17**】 某电气安装工程网络计划如图 3.64 所示，原计划工期是 188 天，第 95 天检查时，工作③—④刚进行了 20 天，即工期拖后了 20 天。试对进度计划进行调整。

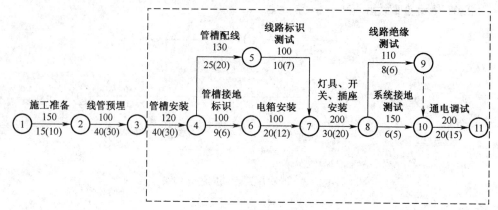

图 3.64 某网络计划图

解：第一步：⑤—⑦压缩 3 天，增加费用 100×3 = 300（元），压缩结果如图 3.65 所示。

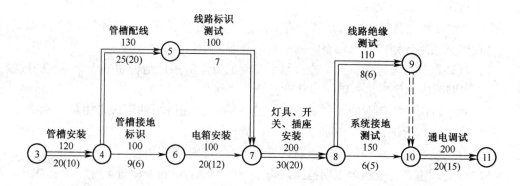

图 3.65 某网络计划图⑤—⑦压缩结果

第二步：⑧—⑨压缩 2 天，增加费用 110×2 = 220（元），共计压缩 3+2 = 5（天），压缩结果如图 3.66 所示。

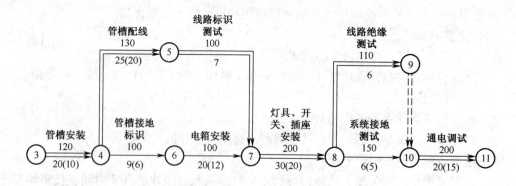

图 3.66 某网络计划图⑧—⑨压缩结果

第三步：③—④压缩 10 天，增加费用 120×10 = 1200（元），共计压缩 5 + 10 = 15（天），压缩结果如图 3.67 所示。

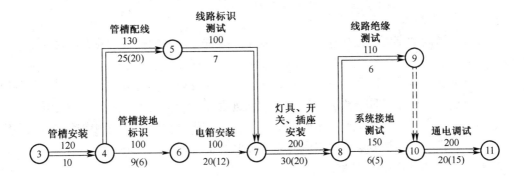

图 3.67　某网络计划图压缩③—④结果

第四步：④—⑤压缩 3 天，增加费用 130×3 = 390（元），共计压缩 15 + 3 = 18（天），压缩结果如图 3.68 所示。

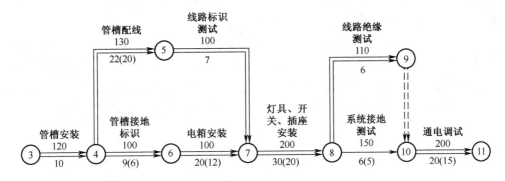

图 3.68　某网络计划图④—⑤压缩结果

第五步：⑩—⑪压缩 2 天，增加费用 200×3 = 600（元），共计压缩 18 + 2 = 20（天），共计增加费用 300+220+1200+390+600 = 2710（元），压缩结果如图 3.69 所示。

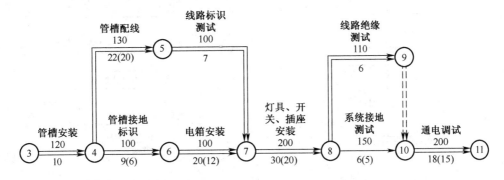

图 3.69　某网络计划图⑩—⑪压缩结果

3.5 施工进度计划动态管理

3.5.1 基本概念

施工进度计划动态管理是在项目实施过程中，对进度计划的执行、检查和修改，采取必要的、适时的管理活动。这是进度计划必需的动态管理控制。

进度计划无论多么严谨、合理，毕竟是人们的主观设想，在实施过程中，由于种种原因，不可避免地会出现各种干扰因素和风险，使进度计划产生偏离。为此，进度计划管理人员必须掌握动态管理原理，通过不断的检查、测量、分析和调整，并制定特殊情况下的赶工措施，保证进度计划能够及时得到有效的控制和实施。

3.5.2 建立监测和调整体制

为保证进度计划及时得到有效的实施和控制，必须建立对进度计划进行监测调整的动态管理控制。

（1）建立专门的管理机构和相应的管理制度，明确相关管理人员的责任和权限。

（2）建立进度监测系统，如图 3.70 所示。

对进度计划的执行情况进行跟踪检查是计划执行信息的主要来源，是进度分析和调整的依据，也是进度控制的关键步骤。

跟踪检查的主要工作是定期收集反映工程实际进度的有关数据。收集的数据应当全面、真实、可靠，不完整或不正确的进度数据，将导致判断不准确或决策失误。为了进行实际进度与计划进度的比较，必须对收集的实际进度数据进行加工处理，形成与计划进度的可比性，以确定实际执行情况与计划目标之间的差距，分析、判断是超前还是滞后，是否需要调整。

（3）建立进度计划的调整系统，如图 3.71 所示。

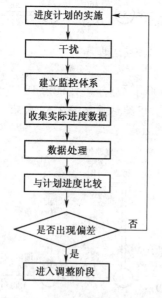

图 3.70 进度计划检测系统

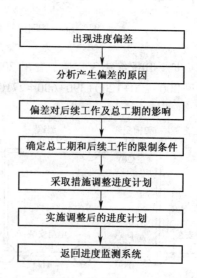

图 3.71 进度计划调整系统

当需要采取调整措施时，应当首先确定可调整的范围，主要指关键节点、后续工作的限制条件，以及总工期允许变化的范围。这些限制条件主要与合同条件自然因素和社会因素有关，需要认真分析后才能确定。

对于调整之后的进度计划，应采取相应的组织、经济、技术和管理措施，并继续监测其执行情况。

3.5.3　实际进度与计划进度的比较方法

进度网络计划的动态管理控制是一个发现问题、分析问题和解决问题的连续的系统过程。

3.5.3.1　进度计划的控制内容

（1）检查进度计划的实施情况，找出偏离计划的偏差，发现影响计划实施的干扰因素及计划本身存在的不足。

（2）确定调整措施，采取纠偏行动，确保施工组织与管理过程正常运行，顺利完成事先确定的各项计划目标。

3.5.3.2　横道图比较法

横道图比较方法是把在项目施工中检查实际进度收集的信息，整理后直接用横道线与原计划的横道线并列标记在一起，进行直观比较的方法。

【例 3.18】　某工程项目基础工程的计划进度和截至第 9 周末的实际进度如图 3.72 所示，其中双线条表示该工程计划进度，粗实线表示实际进度。从图中可以看出各项工作的实际进度比计划进度滞后多少？

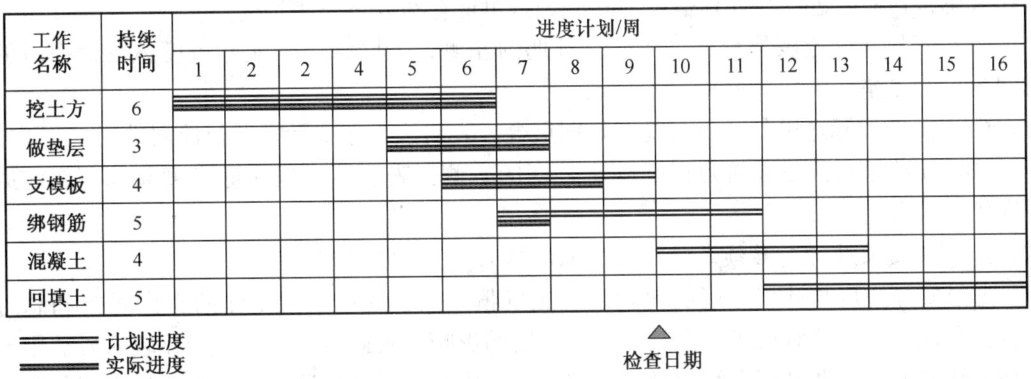

工作名称	持续时间	进度计划/周															
		1	2	2	4	5	6	7	8	9	10	11	12	13	14	15	16
挖土方	6																
做垫层	3																
支模板	4																
绑钢筋	5																
混凝土	4																
回填土	5																

计划进度
实际进度
检查日期

图 3.72　某基础工程实际进度与计划进度比较图

解： 到第 9 周末进行实际进度检查时，挖土方和做垫层两项工作已经完成进度计划；支模板按计划应该完成，但实际只完成 75%，任务量拖欠 25%；绑扎钢筋按计划应该完成 60%，而实际只完成 20%，任务量拖欠 40%。

3.5.3.3　前锋线比较法

前锋线比较法是根据进度检查日期各项工作实际达到的位置所绘制出的进度前锋线，与检查日期线进行对比，确定实际进度与计划进度偏差的一种方法。主要适用于时标网络计划，且各项工作匀速进展的情况。

所谓前锋线，是指在原时标网络计划上，从检查时刻的时标点出发，用点画线依次将各项工作实际进展位置点连接而成的折线。前锋线比较法就是通过实际进度前锋线与原进度计划中各工作箭线交点的位置来判断工作实际进度与计划进度的偏差，进而判定该偏差对后续工作及总工期影响程度的一种方法。

1. 前锋线比较法步骤

（1）绘制时标网络计划图。工程项目实际进度前锋线在时标网络计划图上标示，为清楚起见，可在时标网络计划图的上方和下方各设一时间坐标。

（2）绘制实际进度前锋线。一般从时标网络计划图上方时间坐标的检查日期开始绘制，依次连接相邻工作的实际进展位置点，最后与时标网络计划图下方坐标的检查日期相连接。

工作实际进展位置点的标定方法有两种。

1）按该工作已完任务量比例进行标定。假设工程项目中各项工作均为匀速进展，根据实际进度检查时刻该工作已完任务量占其计划完成总任务量的比例，在工作箭线上从左至右按相同的比例标定其实际进展位置点。

2）按尚需作业时间进行标定。当某些工作的持续时间难以按实物工程量来计算而只能凭经验估算时，可以先估算出检查时刻到该工作全部完成尚需作业的时间，然后在该工作箭线上从右向左逆向标定其实际进展位置点。

2. 进行实际进度与计划进度的比较

前锋线可以直观地反映出检查日期有关工作实际进度与计划进度之间的关系。对某项工作来说，其实际进度与计划进度之间的关系可能存在以下三种情况：

（1）工作实际进展位置点落在检查日期的左侧，表明该工作实际进度拖后，拖后的时间为二者之差。

（2）工作实际进展位置点与检查日期重合，表明该工作实际进度与计划进度一致。

（3）工作实际进展位置点落在检查日期的右侧，表明该工作实际进度超前，超前的时间为二者之差。

3. 判断进度偏差对后续工作及总工期的影响

通过实际进度与计划进度的比较确定进度偏差后，还可根据工作的自由时差和总时差，预测该进度偏差对后续工作及项目总工期的影响。由此可见，前锋线比较法既适用于工作实际进度与计划进度之间的局部比较，又可用来分析和预测工程项目整体进度状况。

【例3.19】　某建筑安装工程项目时标网络计划如图3.73所示。该计划执行到第六周末检查时，发现工作A、B和E已经完成，工作D完成计划的25%，工作C尚需2周完成。试用前锋线法进行实际进度与计划进度的比较，并逐项分析C、D两项工作的实际进度对工期的影响，并说明理由。

解：（1）工作D实际进度拖后2周，将使后续工作F的最早开始时间推迟2周，并使总工期延长1周。

（2）工作C实际进度拖后2周，将使后续工作G、H、J的最早开始时间推迟2周。

由于工作G、J开始时间的推迟，从而使总工期延长2周。综上所述，如果不采取措施加快进度，该项目总工期将延长2周。

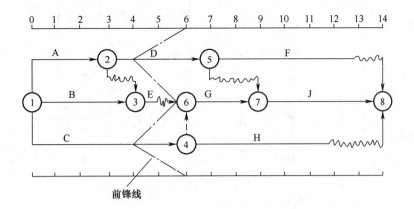

图 3.73 某工程前锋线比较

【例 3.20】 某安装工程项目时标网络计划如图 3.74 所示。在工程进行到第 5 天末时进行检查，发现工作 A 已完成，工作 B 已进行 1 天，工作 C 已进行 2 天，工作 D 还没开始。试用进度前锋线法记录和比较工程进度情况。

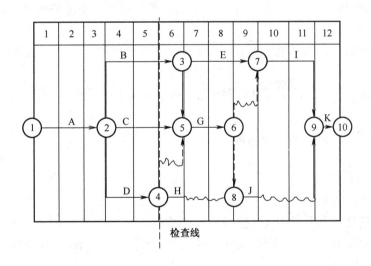

图 3.74 某工程项目时标网络计划

解：某安装工程前锋线比较如图 3.75 所示。

（1）工作 B 是关键工作，由于拖延了 1 天，若后续工作按原计划执行将会影响总工期 1 天。

（2）工作 C 与计划一致。

（3）工作 D 是非关键工作，拖延了 2 天，由于工作 D 有 2 天的总时差，因此不影响总工期。而工作 D 没有自由时差，因此对紧后工作 H 的最早开始时间影响了 2 天。

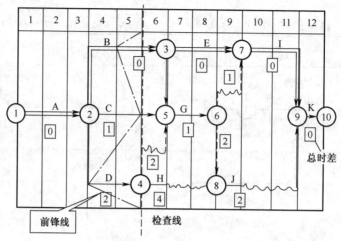

图 3.75 某安装工程前锋线比较

3.5.4 进度计划的控制措施

3.5.4.1 组织措施

（1）系统的目标决定了系统的组织。组织机构及体制是计划目标能否实现的决定性因素。

（2）建立健全项目管理体系，应包括专职的部门和具有岗位资格的人员，负责进度控制工作。

（3）进度控制的主要环节，包括进度目标的分析和论证、进度计划的编制、定期跟踪、调整纠偏。

（4）建立进度报告、进度信息沟通网络、进度实施中的检查分析以及工程变更等管理体制。

（5）设置专人负责，抓好碰头协调会，生产调度会等生产会议，做好会议签到和会议记录。

3.5.4.2 经济措施

（1）及时办理工程预付款及工程进度款。

（2）加快进度应考虑应急赶工费用及工期提前给予的奖励。

（3）由于建设单位的影响而造成的工程延误，应按规定收取误期赔偿费。

3.5.4.3 技术措施

（1）采用技术先进、经济合理的施工方案。

（2）选用先进的施工机具及工艺。

3.5.4.4 管理措施

（1）加强计划编制的整体观点，竭力避免出现各种独立互不联系的分项计划。

（2）在重视进度计划编制的同时，要重视进度计划的动态调整。

（3）重视对进度计划方案的比较和优选。

（4）采用工程网络计划，有利于实现进度控制的科学管理。

（5）严格控制合同变更，尽量减少由此而引起的工程延续。

3.5.5 进度计划的调整方法

（1）缩短某些工作的持续时间。通过缩短网络计划中的关键线路上工作的持续时间，来缩短工期。这种方法不影响工作之间的顺序。

1）组织措施：增加工作面，组织更多的施工队伍，增加每天的工作时间；增加施工机械等。

2）技术措施：改进施工工艺，采用更先进的施工方法等。

3）经济措施：包干奖励。

（2）改变某些工作的逻辑关系。

1）将顺序作业改为平行作业。适用于大型建设工程。

2）采用搭接作业或分段组织流水作业，来调整进度计划。适用于单位工程。

（3）同时采用缩短工作持续时间和改变工作之间的逻辑关系，对进度计划进行调整，以满足工期目标的要求。

【例 3.21】 某管道安装工程施工合同工期为 16 周，施工进度计划如图 3.76 所示（时间单位：周）。各工作均按匀速施工。施工单位的报价单（部分）如表 3.10 所示。

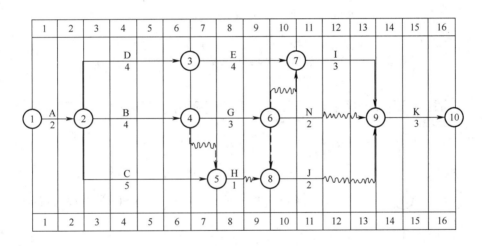

图 3.76 某工程施工进度计划

表 3.10 施工单位报价单

序号	工作名称	估算工程量	全费用综合单价/（元/m³）	合计/万元
1	A	1000m³	250	25
2	B	1500m³	300	45
3	C	20 次	—	—
4	D	1700m³	270	45.9

工程施工到第 4 周时进行进度检查，发生如下事件。

事件 1：工作 A 已经完成，但由于设计图纸局部修改，实际完成的工程量为 1000m³，工作持续时间未变。

事件2：工作B施工时，遇到异常恶劣的气候，造成施工单位的施工机械损坏和施工人工窝工，各损失1.5万元，实际只完成估算工程量的25%。

事件3：工作C为检验检测配合工作，只完成了估算工程量的20%，施工单位实际发生检验检测配合工作费用6000元。

事件4：施工中发现地下文物，导致工作D尚未开始，造成施工单位自有设备闲置5个台班，台班单价为400元/台班，折旧费为150元/台班。施工单位进行文物现场保护的费用为2000元。

问题：

（1）根据第4周周末的检查结果，在图3.76上绘制实际进度前锋线，逐项分析B、C、D三项工作的实际进度对工期的影响，并说明理由。

（2）若施工单位在第4周末就工作B、C、D出现的进度偏差提出工程延期的要求，项目监理机构应批准工程延期多长时间？为什么？

（3）施工单位是否可以就事件2、4提出费用索赔？为什么？可以获得的索赔费用是多少？

（4）事件3中工作C发生的费用如何结算？

（5）前4周施工单位可以得到多少结算款？

解：（1）根据第4周末的检查结果，实际进度前锋线如图3.77所示。

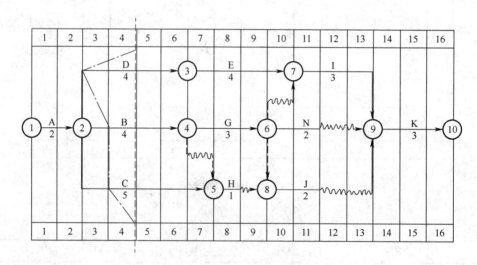

图3.77　实际进度前锋线

B、C、D三项工作的实际进度对工期的影响及理由如下：

1）工作B拖后1周，不影响工期。理由：工作B总时差为1周。

2）工作C拖后1周，不影响工期。理由：工作C总时差为3周。

3）工作D拖后2周，影响工期2周。理由：工作D总时差为零（或工作D为关键工作）。

（2）施工单位在第 4 周周末就工作 B、C、D 出现的进度偏差提出工程延期的要求，项目监理机构应批准工程延期 2 周。

理由：施工中发现地下文物造成工作 D 拖延，不属于施工单位责任。

（3）施工单位是否可以就事件 2、4 提出费用索赔的判断及理由。

1）事件 2 能索赔费用。理由：异常恶劣的气候属于不可抗力，造成施工单位施工机构损坏由施工单位自己承担损失，但施工人工窝工的损失可以进行费用索赔，理由：异常恶劣的气候不属于施工单位的责任。

2）事件 4 可以索赔费用。理由：施工中发现地下文物属非施工单位原因。

施工单位可获得的索赔费用：

$$15000+5\times150+2000=17750（元）$$

（4）事件 3 中 C 工作发生的费用不予结算，因施工单位对工作 C 的费用没有报价，故认为该项费用已分摊到其他相应项目中。

（5）前 4 周施工单位可以得到的结算款的计算如下。

工作 A 可以得到的结算款：$1000\times250=250000$（元）。

工作 B 可以得到的结算款：$1500\times25\%\times300=112500$（元）。

工作 D 可以得到的结算款：$5\times150+2000=2750$（元）。

前 4 周施工单位可以得到的结算款总额：$250000+112500+2750=365250$（元）。

3.5.6 进度计划的应用

进度计划主要用来控制施工进度，也可用于工期索赔和费用索赔。当工期延长非承包单位的责任时，承包单位有权要求延长工期，并有权提出费用赔偿要求，以弥补由此造成的损失。

3.5.6.1 工期索赔

由于合同当事人不可预见的因素，如恶劣气候、地震、洪水、爆炸、工程变更、地质条件变化、文物、地下障碍物等，造成工期延误的，承包单位要及时做好记录，向监理工程师提出申请，以便合理确定延期时间。

3.5.6.2 工期费用综合索赔

如不可预见的因素，不但造成工期延误，还造成承包单位人力和物力的经济损失，承包单位可以根据施工合同和进度计划，进行科学合理的计算，向建设单位进行索赔。

【例 3.22】 某单位有一市政项目，由管道安装工程和土建工程两部分组成，管道工程安装完成后才能进行土建部分的施工。业主与某管道安装公司和某建筑公司分别签订了管道安装合同和土建施工合同，管道安装公司将其中的排水管的安装部分分包给某管道工程公司。排水管共计 1000m，安装公司对此所报单价为 600 元/m，包括排水管由甲方供应，每米价格为 350 元。排水管道安装按施工进度计划规定从 5 月 15 日开工至 5 月 25 日结束。在排水管道安装施工过程中，由于业主方供应的排水管道不及时，使排水管道安装 5 月 17 日才开工（延误 2 天），5 月 18 日至 23 日管道公司的施工设备出现故障（延误 6 天），5 月 24 日至 27 日出现了属于不可抗力的恶劣天气无法施工（延误 4 天）。合同约定：业主违约一天应补偿承包方 5000 元；承包方违约一天应罚款 5000 元。

问题：

（1）在上述工程拖延中，哪些属于不可原谅的拖期？哪些属于可原谅而不予补偿费用的拖期？哪个属于可原谅但给予补偿费用的拖期？

（2）排水管道安装部分的价格为多少？管道安装公司此项应得款为多少？

（3）管道安装公司商应获得的工期补偿和费用补偿各为多少？

（4）土建承包商的损失由谁负责承担？应补偿的工期和费用各为多少？

解：（1）从 5 月 15 日至 17 日共 2 天，属于可原谅且补偿费用的拖期（业主原因）。

从 5 月 18 日至 23 日共 6 天，属于不可原谅的拖期（分包商原因）。

从 5 月 24 日至 27 日共 4 天，属于可原谅但不予补偿费用的拖期（不可抗力原因）。

（2）排水管道部分价格 $=1000×600=600000=60$（万元）。

管道安装公司此项应得款：

1）可原谅且给予补偿费用的拖期为 2 天，应给管道安装公司补偿 $2×5000=1$（万元）。

2）不可原谅的拖期共 6 天，对管道安装公司罚款 $6×5000=3$（万元）。

3）管道安装公司此项应得款 $=60-（1000×350/10000）+1-3=23$（万元）。

（3）管道安装公司应获得的工期补偿为 $2+4=6$（天）。

管道安装公司应获得费用补偿为 $2×5000-6×5000=-20000$（元），即应扣款 2 万元。

（4）土建承包商的损失应由业主负责承担。因为设备安装承包商与业主有合同关系，而土建承包商与设备安装承包商无合同关系。

土建承包商应获工期为 $2+6+4=12$（天）。

土建承包商应获费用补偿为 $8×5000=40000$（元）。

（5）签证单。签证单如表 3.11 所示。

表 3.11 签 证 单

编号：×号　　　　　　　　　　　　　　　　　　　　　　第 1 页共 1 页

日期		工程名称：×××工程	
月	日	签 证 原 因	签 证 内 容
5	20	因业主方供应的预制排水管道不及时，使排水管道安装施工从 5 月 15 日推迟到 5 月 17 日才开工	1. 补偿工期：5 月 15 日至 17 日共 2 天。 2. 补偿费用：2×5000＝10000（元）
5	28	因 5 月 24 日至 27 日出现了属于不可抗力的恶劣天气，无法施工	补偿工期：5 月 24 日至 27 日共 4 天
施 工 单 位		监 理 单 位	建 设 单 位
（公章）		（公章）	（公章）
现场代表签章		现场代表签章	现场代表签章

项目经理：　　　　　　　　　　计划统计员：　　　　　　　　　　制表：

本 章 小 结

本章主要讲述了进度计划在建筑施工中的重要作用和编制方法。介绍了流水施工技术和网络计划技术的基本原理和有关参数的具体计算。

通过案例，使学生加深对进度计划的编制、实施、监测和调整全过程的理解。同时，对有关工期与费用索赔的具体应用建立基本概念。

流水施工技术与网络计划技术，是进度计划编制及控制最先进的方法和工具。通过对横道图和网络图的绘制，以及有关参数的计算、优化，学生可以初步建立和掌握流水施工与网络技术的基本概念和技能。

思 考 题

3.1 简述进度计划的编制步骤和方法。

3.2 流水施工的组织形式有哪几种，各有什么特点？

3.3 流水参数有哪些主要参数？分别表述其含义。

3.4 如何正确划分施工段？

3.5 什么是网络计划技术？它的基本原理是什么？

3.6 网络计划有哪些时间参数？简述其含义。

3.7 什么是关键工作、关键线路，如何判断？

3.8 网络计划中有哪几种逻辑关系？如何区别？

3.9 双代号网络图中时差有几种？它们各有什么作用？

3.10 什么是网络计划的优化？有哪几种？

3.11 简述进度动态管理的基本概念和具体方法。

练 习 题

3.1 某工程计划中工作 C 的持续时间为 9 天，总时差为 5 天，自由时差为 4 天。如果工作 C 实际进度拖延 8 天，则会影响工程计划工期多少天，影响紧后工作多少天？

3.2 某分部工程有 A、B、C 三个施工过程，分 5 段施工，A 施工过程的流水节拍是 3 周、5 周、2 周、4 周、3 周，B 施工过程的流水节拍是 4 周、3 周、3 周、3 周、3 周，C 施工过程的流水节拍是 5 周、2 周、3 周、4 周、2 周，为了实现连续施工，B、C 两施工过程间的流水步距应是多少？

3.3 在某工程网络计划中，工作 D 的最早开始时间和最迟开始时间分别为第 12 天和第 15 天，其持续时间为 8 天。工作 D 有 3 项紧后工作，它们的最早开始时间均为第 22 天，则工作 D 的总时差和自由时差分别为多少天？

3.4 某施工段中的工程量为 240 单位，安排专业队人数是 12 人，每人每天能完成的定额是 1 个单位，则该队在该段上的流水节拍是多少天？

3.5 已知网络图的资料如表 3.11 所示，试绘制双代号网络图。

表 3.11 网络计划图工作关系

工作	A	B	C	D	E	F
紧前工作	—	—	—	B	A、B	C、D

3.6 某小区有 4 栋住宅楼正在装修阶段，安装电的施工过程包括灯具检查、组装灯具、灯具安装和通电试运行。4 栋楼（施工段）的各施工过程有着不同的流水节拍（单位：周），如表 3.12 所示。根据工艺要求，在灯具安装和通电试运行之间的间歇时间为 1 周。

表 3.12 各施工过程参数

施工过程	施工段流水节拍			
	一	二	三	四
灯具检查（A）	3	2	2	2
组装灯具（B）	4	3	3	4
灯具安装（C）	3	3	2	2
通电试运行（D）	1	1	1	1

问题：

（1）什么是无节奏流水组织方式？试述其特点。

（2）什么是流水步距？确定本工程相邻施工过程之间的流水步距。

（3）计算流水施工工期并绘制异节奏流水施工进度计划横道图。

3.7 某分部工程有 A、B、C、D 四个施工过程，施工段 $m=4$，流水节拍分别为 $k_A=4$ 天，$k_B=2$ 天，$k_C=4$ 天，$k_D=2$ 天。试组织成倍节拍流水施工，计算总工期并绘出流水施工进度图表。

3.8 某排水管道工程分为四段施工，各段管道形式相同，工程量相等，它们所包括的施工项目和劳动组织如表 3.13 所示。

表 3.13 某排水管道过程施工过程参数

施工项目	工作队劳动组织/人	工作队工作天数/天	备注
挖沟槽	10	2	
砌基础	8	3	
安管道	6	3	管道检验 1 天
回填土	5	1	

问题：

（1）本工程应采用哪种流水组织方式？试述其特点。

（2）绘制施工进度计划横道图，将劳动力分布图对应绘制在横道图下方。

3.9 某双代号网络计划如图 3.78 所示。

（1）计算各工作的时间参数，用六时标法标在图上。并标出工期和关键线路。

（2）绘制成双代号早时标网络计划，并用双箭线标出关键线路。

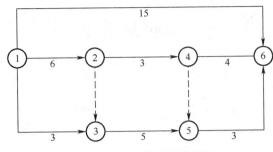

图 3.78　双代号网络计划图

3.10　双代号时标网络计划如图 3.79 所示，原计划工期是 36 天，到第 12 天检查时，工作 A 已经全部完成，工作 B 进行了 5 天，工作 C 进行了 10 天。

问题：

（1）什么是前锋线比较法？如何根据前锋线判断工程的进度？

（2）在图上用双箭线标明关键线路。

（3）试绘制前锋线，用前锋线法判断，工作 B、C 进度是加快还是拖延？若拖延，试分析工作 B、C 的拖延对总工期的影响，影响多少天，并说明原因。

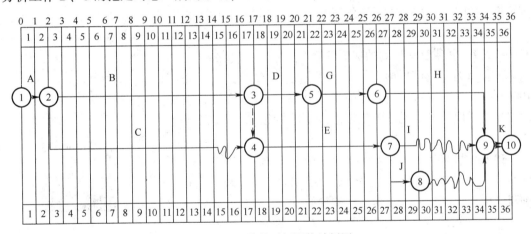

图 3.79　双代号时标网络计划图

第4章 质量管理计划

◇**教学目标**

- 了解质量管理计划的基本概念；熟悉 PDCA 循环模式。
- 熟悉质量控制的系统过程。
- 掌握质量控制的主要方式和方法。
- 掌握检验批、分项、分部和单位工程质量验收的内容、程序和组织。
- 掌握工程质量问题和质量事故的处理方式。

4.1 质量管理计划概述

4.1.1 基本概念

质量管理计划是近年来国际上兴起的现代生产管理模式，是以八项质量管理原则为主要内容来建立起来的，这些质量管理原则包括制定、实施所需的组织机构、职责、程序以及采取的措施和资源配置等。质量管理计划是保证实现项目施工目标的管理计划。

4.1.2 质量管理计划的保证体系

质量管理计划根据《质量管理体系　要求》 （GB/T 19001—2016）的要求，建立项目质量管理体系文件，按照 PDCA 循环模式，加强过程控制，通过持续改进提高工程质量。

延伸阅读：《质量管理体系　要求》（GB/T 19001—2016）

PDCA 循环是指由计划（Plan）、实施（Do）、检查（Check）和处理（Action）四个阶段组成的工作循环，它是一种科学管理程序和方法，其工作步骤如下。

（1）计划阶段（包含四个步骤）。

第一步，分析现状，找出存在的问题。

第二步，分析产生问题的原因和影响因素。

第三步，找出影响的主要因素。

第四步，制定改善的措施，提出行动计划。

（2）实施阶段（只有一个步骤）。

第五步，组织对计划的实施。包含两个环节，即计划行动的交底和按计划规定的方法与要求去做。首先要做好计划的交底、落实。落实包括组织落实、技术落实、资源落实。同时，计划的落实要依靠质量管理体系。

（3）检查阶段（只有一个步骤）。

第六步，检查计划实施后的效果。检查包括两大方面：一是检查是否严格执行了计划的行动方案，实际情况是否发生了变化；二是检查的结果是否达到要求。

（4）处理阶段（包含两个步骤）。对于质量检查所发现的质量问题或质量不合格问题，及时进行原因分析，采取必要的措施予以纠正。对于可能发生的问题，采取预防措施。

第七步，总结经验，巩固成绩。通过上步检查，把确有效果的措施和在实施中取得的好的经验，通过修订相应的工艺文件、作业标准和质量管理规章加以总结，作为后续工作的指导。

第八步，提出本次循环尚未解决的问题，转入下一循环。

PDCA 循环是不断进行的，每循环一次，就实现一定的质量目标，解决一些质量问题，使得质量水平有所提高。这样周而复始，不断循环，使质量水平不断提高。

4.1.3　质量管理计划的制订

（1）建立项目质量管理的组织机构并明确职责。施工质量检查的组织机构，要做到职责明确，责任到人，才能将质量管理工作落到实处。项目经理理所当然地是第一责任人。

（2）确定质量目标并引进分解。质量目标一般在施工合同中已有约定。施工组织设计对约定的目标分解为分部工程和分项工程。只有分部、分项工程合格，单位工程才能合格。评定的依据是相应的施工验收规范。质量目标计划如表 4.1 所示。

表 4.1　　　　　　　　　　　　　　　质量目标计划

序号	分部工程	分项工程	合格率	优良率	责任人	备注

（3）制定技术保障措施。

（4）制定资源保障措施。资源保障措施包括资源数量和资源质量两个方面。资源数量保障措施，在 2.2.4 资源配置计划中已有详述。下面主要介绍资源质量保障措施。

1）施工人员的控制措施。严格执行持证上岗制度；特殊工种必须具备特种作业操作证，并严格定期复查；加强质量意识教育；制定各级人员质量责任制度，层层落实，责任到人。

2）材料、配件的控制措施。优选供货厂家；加强进货检查验收，严把质量关；重要的材料、配件，必须有出厂材质合格证明及检验报告；必要时邀请有关方参与检验确认；对特殊材料要取样复检；对入库材料、配件要妥善保管，防止损坏、变质。

3）施工机具的控制措施。严格遵守持证上岗、岗位责任制和操作规程；对购置、租赁和新组装机具，必须严格按照技术说明进行组装、调试、试运转和验收。

4.2　质量控制的系统过程

由于施工阶段是使业主及工程设计意图最终实现，并最终形成工程实物质量的系统过程，所以施工阶段的质量控制是一个由对投入的资源和条件的质量控制，进而对生产过程及各环节质量进行控制，直到对所完成的工程产出品的质量检验与控制为止的全过程的系统控制过程。施工阶段的质量控制按工程实体质量形成时间阶段不同划分为三个环节。

4.2.1　施工准备阶段的质量控制

施工准备阶段的质量控制指开工前的施工准备和施工过程中的各分部分项工程施工作业前的准备，主要是建立完善的质量保证体系；编制质量管理计划；制定各种质量管理制度；完善计量及质量检测技术和手段，熟习各项检测标准；对所需的原材料、半成品、构配件进行质量检查和控制，保证满足有关规范、标准的要求；确定施工流程和施工方法，抓好图纸会审及技术交底工作，对新技术、新结构、新工艺、新材料和新机具，要慎重审核和实验。这是确保施工质量的先决条件。

4.2.1.1　施工组织设计（质量计划）

施工组织设计包括：编制依据；项目概况；质量目标；组织机构；质量控制及管理组织协调的系统描述；必要的质量控制手段、检验和试验程序等；确定关键过程和特殊过程及作业的指导书；与施工过程相适应的检验、试验、测量、验证要求；更改和完善质量计划的程序等。

4.2.1.2　现场施工准备的质量控制

（1）工程定位及标高基准控制。

（2）施工平面布置的控制。其内容包括施工现场总体布置是否合理，是否有利于保证施工的正常、顺利进行，是否有利于保证质量，特别是要对场区的道路、防洪排水、器材存放、给水及供电、混凝土供应及主要垂直运输机械设备布置等方面予以重视。

（3）材料构配件采购订货的控制。

（4）施工机械配置的控制。

1）施工机械设备的选择，除应考虑施工机械的技术性能、工作效率、工作质量、可靠性及维修难易程度、能源消耗，以及安全、灵活等方面对施工质量的影响与保证外，还应考虑其数量配置对施工质量的影响与保证条件。此外，要注意设备形式应与施工对象的特点及施工质量要求相适应。在选择机械性能参数方面，也要与施工对象特点及质量要求相适应，例如选择起重机械进行吊装施工时，其起重量、起重高度及起重半径均应满足吊装要求。

2）审查施工机械设备的数量是否足够。

3）审查所需的施工机械设备是否按已批准的计划备妥；所准备的机械设备是否与监理工程师审查认可的施工组织设计或施工计划中所列者相一致；所准备的施工机械设备是否都处于完好的可用状态，等等。

（5）设计交底与图纸会审。

1）设计交底。设计交底是在施工之前，由建设单位组织施工单位、监理单位等参加的设计交底会议，设计单位在会上介绍设计意图、结构特点、施工要求、技术措施等有关事项，相关单位在会议上可作初步商讨。

2）图纸会审。图纸会审是在参与的有关单位熟习和研究了全部设计图纸及说明后，由建设单位组织的图纸会审会议。

会审的主要内容包括：设计图纸与说明是否齐全；图纸相互间有无错漏、矛盾；各种尺寸、标高是否一致；建筑结构与各专业图纸、建筑图等尺寸是否一致；材料来源有无保证、能否代换；新材料、新工艺、新设备应用，交代是否详尽；工艺管道、电器线路、机械设备等布置是否合理等。

图纸会审是一项很重要的程序和工作，对今后施工能否顺利进行将产生较大的影响。要做好详尽的会议记录，凡参与的单位与人员，均应记录在案。会议记录作为记录文件之一要归档保管。

4.2.2 施工过程的质量控制

施工过程的质量控制指在施工过程中对实际投入的生产要素质量及作业技术活动的实施状态和结果所进行的控制，是质量控制的关键阶段。

4.2.2.1 作业技术准备状态的控制

所谓作业技术准备状态，是指各项施工准备工作在正式开展作业技术活动前，是否按预先计划的安排落实到位的状况。作业技术准备状态的控制，应着重抓好以下环节的工作。

1. 质量控制点的设置

（1）基本概念。对于较复杂的分项工程、关键部位、薄弱环节或比较容易产生质量问题的地方，为了确保作业过程的质量，要作为重要的控制对象，制定相应的对策和有力的措施进行预控。这一控制对象即为质量控制点。

质量控制点的设置是实施质量预控的有效措施和手段。项目经理部在施工前，应根据施工组织设计的施工方案和施工方法及施工质量控制要求列出详细的质量控制点明细表，标明有关名称、内容、施工方法、措施及验收标准等，并提交监理工程师审查、批准。

（2）设置的一般原则。选择那些质量保证难度较大或危害较大的对象，作为质量控制点。

1）关键工序及隐蔽工程。

2）薄弱环节、工序和部位。

3）新技术、新工艺、新材料和新设备的部位或环节。

4）施工难度较大的工序或环节。

2. 作业技术交底的控制

（1）基本概念。为了保证工程质量和施工进程顺利进行，每一分项工程开工前，均应对图纸要求、施工方法、质量要求、在施工过程中可能出现的情况及应对措施进行作业技术交底，它是施工方案进一步实施的具体化。

技术交底要针对和围绕与施工相关的操作者、机械设备、材料、构（配）件、工艺、施工环境等进行，切忌泛泛而谈。

技术交底要明确作业标准和要求，即做什么、谁来做、如何做、什么时间完成等。

（2）交底类型。施工企业的作业技术交底一般分三级，即公司技术负责人对工程项目技术交底；工程项目技术负责人对施工队技术交底；施工队技术负责人对班组工人技术交底。

施工现场的作业技术交底是技术交底的重要程序。

（3）主要内容。

1）施工图的具体要求包括：建筑、结构、水、暖、电、通风等专业的细节；重要部位尺寸、标高、轴线、预留孔洞、预埋件的位置、规格、数量等；各专业间的相互关系。

2）具体施工方法、技术措施。

3）材料的品种、规格、等级及质量要求。

4）施工顺序、工序搭接等。

5）质量、安全、节约的具体要求和措施。

6）设计修改、变更的具体内容和注意事项。

7）成品保护项目、种类和办法。

8）在特殊情况下，应知、应会、应注意的问题。

（4）交底方式。施工现场技术交底的方式主要有书面交底、会议交底、口头交底、挂牌交底、样板交底及模型交底等。

1）书面交底：把交底的内容以书面形式向作业人员进行交底。这种交底方式内容明确，有据可查，效果较好，是常用的方式。

2）会议交底：召集有关人员，通过会议形式，对多工种交叉的施工项目同时进行技术交底，与会者在会上可以提出问题和商讨，对交底的内容进行补充、修改和完善。

3）口头交底：适用于工作内容简单、操作人员较少、作业时间较短的劳动任务。

4）挂牌交底：将交底的内容写在标牌上，置于施工现场。这种方式适用在操作内容和人员固定的分项工程，操作者抬头可见，时刻注意。

5）样板交底：对于质量和外观要求较高的项目，组织技术水平较高的工人先做样板，供其他人观摩和施工。

6）模型交底：对于技术较复杂的基础或构件等，为使操作者有感性认识，加快理解，用模型的形式进行交底。

4.2.2.2　工序质量控制

（1）将影响工序质量的因素纳入管理控制的范围，认真检查和审核质量统计分析资料和控制图表，抓住影响质量的关键，及时进行处理和解决。

（2）严格做好工序间的自检、互检和交接检查，对不符合质量要求的工序，绝不能交给下次工序。填写各项检验批验收、分部分项工程项目的验收记录。

（3）严格做好各项隐蔽验收工作

隐蔽工程验收是指将被其后续工程（工序）施工所隐蔽的分项、分部工程，在隐蔽前所进行的检查验收。它是对已完工程质量最后一道检查，故显得特别重要。其步骤如下：

1）隐蔽工程施工完成，项目经理部按有关技术规程、规范和施工图先进行自检，自检合格后，填写《报验申请表》，附《隐蔽工程检查记录》及有关材料、证明、试验报告等，报送项目监理机构。

2）监理工程师收到申报表后，先对申报资料进行审查，并在规定时间内，同项目经理部专职质检员及相关施工人员到现场一起进行检查。

3）经现场检查并符合质量要求，监理工程师在《报验申请表》及相关的资料上签字确认，准予隐蔽、覆盖，进入下一道工序施工。

4.2.2.3 成品保护

成品保护一般是指分项工程已经完成，而其他部位还在施工，项目经理部必须对已完成部位针对被保护对象的特点采取各种有效的防护措施，如加固、包裹、覆盖、封闭等，以免造成损坏或污染，影响工作整体质量。

4.2.3 竣工验收控制

竣工验收是指对于通过施工过程所完成的具有独立功能和使用价值的最终产品（单位工程或整个工程项目）及有关方面（例如质量文档）的质量进行控制。

（1）在工程验收阶段，应以单位工程为主体进行检查验收。

（2）按施工图纸、各项相关文件、相关验收规范，承包单位先自行检查试车和验收；合格后，会同相关单位一起进行检查验收，及时处置验收中出现的各种问题，整理有关技术资料归档，然后办理移交手续。

工程档案整理编制和绘制竣工图，应按规定达到归档要求。其质量控制的要求是：检查竣工资料文件的完整性、真实性，符合归档要求。工程验收交付工作由业主组织，施工企业及参建各方参加。

（3）在工程交付使用后，属于保修阶段。承包单位按规范回馈用户，若发现问题，应及时组织人力和物力进行维修。工程保修书具有法律效力，必须认真执行。

根据《建设工程质量管理条例》及有关规定，在施工合同里约定工程的质量保修期。在正常使用条件下，建设工程的最低保修期限如下：

1）基础设施工程、房屋建筑工程的地基基础和主体结构工程，为设计文件规定的该工程的合理使用年限。

延伸阅读：《建设工程质量管理条例》

2）屋面防水工程、有防水要求的卫生间、房间和外墙面的防渗漏，为 5 年。

3）供热与供冷系统，为 2 个采暖期、供冷期。

4）电气管线、给排水管道、设备安装和装修工程，为 2 年。

其他项目的保修期由发包方与承包方约定。保修期自竣工验收合格之日起计算。保修期内如施工原因出现问题，提供无偿保修，保修期过后，仍提供有偿维修服务。

（4）回访：了解工程质量情况，听取用户使用意见，改进工程质量和管理。

4.3 质量控制主要方式和方法

工程施工质量是在施工过程中形成的，施工过程是由一系列相互联系与制约的作业活动所构成。因此，保证作业活动的效果与质量是施工过程质量控制的基础。

工程质量的特性主要表现在以下六个方面：

（1）适用性即功能，是指工程满足使用目的的各种性能，包括理化性能、结构性能、使用性能、外观性能等。

（2）耐久性即寿命，是指工程在规定的条件下，满足规定功能要求使用的年限，也就是工程竣工后的合理使用寿命周期。

（3）安全性是指工程建成后在使用过程中保证结构安全、保证人身和环境免受危害的程度。

（4）可靠性是指工程在规定的时间和规定的条件下完成规定功能的能力。

（5）经济性是指工程从规划、勘察、设计、施工到整个产品使用寿命周期内的成本和消耗的费用。

（6）与环境的协调性，是指工程与其周围生态环境协调，与所在地区经济环境协调以及与周围已建工程协调，以适应可持续发展的要求。

4.3.1　施工质量控制的依据

施工阶段质量控制的依据，大体上有以下四类：

（1）工程合同文件，包括工程承包合同文件、设计文件等。"按图施工"是施工阶段质量控制的一项重要原则。因此，经过批准的设计图纸和技术说明书等设计文件，无疑是质量控制的重要依据。

（2）国家及政府有关部门颁布的有关质量管理方面的法律、法规性文件（这类文件一般是针对行业、不同的质量控制对象而制定的技术法规性的文件，包括各种有关的标准、规范、规程或规定）。

（3）有关质量检验与控制的专门技术法规性文件。概括来说，属于这类专门的技术法规性的依据主要有以下四类：

1）工程项目施工质量验收标准。例如，《建筑工程施工质量验收统一标准》（GB 50300—2013）以及其他行业工程项目的质量验收标准。

2）有关工程材料、半成品和构配件质量控制方面的专门技术法规性依据。

a. 有关工程材料及其制品质量的技术标准。

b. 有关材料或半成品等的取样、试验等方面的技术标准或规程等。

c. 有关材料验收、包装、标识及质量证明书的一般规定等。

延伸阅读：《建筑工程施工质量验收统一标准》（GB 50300—2013）

3）控制施工作业活动质量的技术规程。

4）凡采用新工艺、新技术、新材料的工程，事先应进行试验，并应有权威技术部门的技术鉴定书及有关的质量数据、指标，在此基础上制定有关的质量标准和施工工艺规程，以此作为判断与控制质量的依据。

4.3.2　质量影响因素分析

影响工程质量的因素很多，归纳起来主要有五个方面，即人（Man）、材料（Material）、机械（Machine）、方法（Method）和环境（Environment），简称为"4M1E"因素。

1. 人的因素

直接参与工程建设的决策者、组织者、指挥者和操作者，既是控制对象又是控制动力。人是项目质量控制的首要因素。

人是工程项目建设的实施者，工程实体质量是施工中各类组织者、指挥者、操作者和监理工程师共同努力建立起来的，人的因素是 "4MlE" 的首要因素，它决定了其他几个因素，人的素质、管理水平、技术、操作水平高低将最终影响工程实体质量。因此，监理工程师在质量事前控制中，必须审查中标施工单位人的管理水平、技术、操作水平，审查特殊作业人员的技术资质，防止无证上岗情况发生，做到对现场施工人员的素质心中有数，针对不同情况分别采取不同控制手段。

2. 材料因素

材料是项目实施的物质条件。材料质量是项目质量的基础。

材料是工程实体组成的基本单元，基本单元质量构成工程实体质量，每一单元材料的质量均应满足设计、规范的要求，工程实体质量就能够得到充分保证。因此，材料事前控制就十分重要，监理工程师应督促施工单位建立完善材料控制制度，建立监理项目机构材料监理控制细则。

3. 设备因素

设备是项目实施的物质基础，对项目质量有直接影响。机械设备可分为两类：一类是组成工程实体及配套的工艺设备和各类机具；另一类是施工过程中使用的各类机具设备，简称施工机具设备，它们是施工生产的手段。

设备的选择：设备质量控制的第一环节。

设备的合理操作：设备质量控制的第二环节。实行定机、定人、定岗位责任的"三定"制度。

设备的检收：设备质量控制的第三环节。

4. 方法因素

方法是指在建设工程实体建设中所采用的施工手段，它是通过施工单位质量管理体系、施工组织设计、施工方案来体现的。大力推进采用新技术、新工艺、新方法，不断提高工艺技术水平，是保证工程质量稳定提高的重要因素。

项目的开发建设方案和施工技术方案正确与否，对项目的质量控制能否顺利进行有着直接影响。

5. 环境因素

环境条件是指对工程质量特性起重要作用的环境因素，包括工程技术环境、工程作业环境、工程管理环境、周边环境等。

4.3.3　质量检验的主要方法

1. 施工单位的自检系统

（1）作业活动的作业者在作业结束后必须自检。

（2）不同工序交接、转换必须由相关人员交接检查。

（3）承包单位专职质检员的专检。

2. 质量检验的方法

质量检验的方法一般可分为三类，即目测法、检测工具量测法和试验法。

（1）目测法，即凭借感官进行检查，也可以叫作观感检验。这类方法主要是根据质量要求，采用看、摸、敲、照等手法对检查对象进行检查。

所谓"看",就是根据质量标准要求进行外观检查,如清水墙表面是否洁净,喷涂的密实度和颜色是否良好、均匀,工人的施工操作是否正常,混凝土振捣是否符合要求等。所谓"摸"就是通过触摸手感进行检查、鉴别,如油漆的光滑度,浆活是否牢固、不掉粉等。所谓"敲",就是运用敲击方法进行盲感检查,如对拼镶木地板、墙面瓷砖、大理石镶贴、地砖铺砌等的质量,均可通过敲击检查,根据声音虚实、脆闷判断有无空鼓等质量问题。所谓"照",就是通过人工光源或反射光照射,仔细检查难以看清的部位。

(2)检测工具量测法,就是利用量测工具或计量仪表,通过实际量测结果与规定的质量标准或规范的要求相对照,从而判断质量是否符合要求。量测的手法可归纳为靠、吊、量、套。

所谓"靠",是用直尺检查诸如地面、墙面的平整度等。所谓"吊",是指用托线板线锤检查垂直度。所谓"量",是指用量测工具或计量仪表等检查断面尺寸、轴线、标高、温度、湿度等数值并确定其偏差,如大理石板拼缝尺寸与超差数量、摊铺沥青拌和料的温度等。所谓"套",是指以方尺套方辅以塞尺,检查诸如踏角线的垂直度、预制构件的方正、门窗口及构件的对角线等。

(3)试验法,指通过进行现场试验或实验室试验等理化试验手段,取得数据,分析判断质量情况。试验法包括理化试验、无损测试或检验。

3. 质量检验程度的种类

(1)全数检验。全数检验也叫作普遍检验。它主要应用于关键工序部位或隐蔽工程,以及那些在技术规程、质量检验验收标准或设计文件中有明确规定应进行全数检验的对象。

(2)抽样检验。抽样检验即从一批材料或产品中,随机抽取少量样品进行检验,并根据对其数据经统计分析的结果,判断该批产品的质量状况。对于主要的建筑材料、半成品或工程产品等,由于数量大,通常大多采取抽样检验。

(3)免检就是在某种情况下,可以免去质量检验过程。对于已有足够证据证明有质量保证的一般材料或产品,或实践证明其产品质量长期稳定、质量保证资料齐全者,或是某些施工质量只有通过对施工过程的严格质量监控,而质量检验人员很难对内在质量再作检验的,均可考虑采取免检。

4.3.4 施工质量检查的方式

施工质量检查主要有日常检查、跟踪检查、专项检查、综合检查、监督检查等方式。

(1)日常检查:指施工管理人员所进行的施工质量经常性检查。

(2)跟踪检查:指设置施工质量控制点,指定专人所进行的相关施工质量跟踪检查。

(3)专项检查:指对某种特定施工方法、特定材料、特定环境等的施工质量或某类质量通病所进行的专项质量检查。

(4)综合检查:指根据施工质量管理的需要或企业职能部门的要求所进行的不定期的或阶段性的全面质量检查。

(5)监督检查:指来自业主、监理机构、政府质量监督部门的各类例行检查。

4.4　施工质量验收

工程施工质量验收是工程建设质量控制的一个重要环节，包括工程施工质量验收（过程验收）和工程的竣工验收两个方面。

4.4.1　施工质量验收的有关术语

《建筑工程施工质量验收统一标准》（GB 50300—2013）共给出 17 个术语，这些术语对规范有关建筑工程施工质量验收活动中的用语，加深对标准条文的理解，特别是更好地贯彻执行标准是十分必要的。下面列出几个较重要的质量验收相关术语。

延伸阅读：《建筑工程施工质量验收统一标准》(GB 50300—2013)

（1）验收：建筑工程在施工单位自行质量检查评定的基础上，参与建设活动的有关单位共同对检验批、分项、分部、单位工程的质量进行抽样复验，根据相关标准以书面形式对工程质量达到合格与否做出确认。

（2）检验批：按同一生产条件或按规定的方式汇总起来用于检验，由一定数量样本组成的检验体。检验批是施工质量验收的最小单位，是分项工程乃至整个建筑工程质量验收的基础。

（3）主控项目：建筑工程中的对安全、卫生、环境保护和公众利益起决定性作用的检验项目。

（4）一般项目：除主控项目以外的项目都是一般项目。

（5）观感质量：通过观察和必要的量测所反映的工程外在质量。

（6）返修：对工程不符合标准规定的部位采取整修等措施。

（7）返工：对不合格的工程部位采取的重新制作、重新施工等措施。

4.4.2　建筑工程施工质量验收标准

4.4.2.1　检验批的质量验收

1. 检验批合格质量规定

（1）主控项目和一般项目的质量经抽样检验合格。

（2）具有完整的施工操作依据、质量检验记录。

2. 检验批按规定验收

（1）资料检查。所要检查的资料主要包括：

1）图纸会审、设计变更、洽商记录。

2）建筑材料、成品、半成品、建筑构配件、器具和设备的质量证明书及进场检（试）验报告。

3）工程测量、放线记录。

4）按专业质量验收规范规定的抽样检验报告。

5）隐蔽工程检查记录。

6）施工过程记录和施工过程检查记录。

7）新材料、新工艺的施工记录。

8）质量管理资料和施工单位操作依据等。

（2）主控项目和一般项目的检验。检验批的合格质量主要取决于对主控项目和一般项目的检验结果。主控项目是对检验批的基本质量起决定性影响的检验项目，因此必须全部符合有关专业工程验收规范的规定。这意味着主控项目不允许有不符合要求的检验结果，即这种项目的检查具有否决权。鉴于主控项目对基本质量的决定性影响，从严要求是必须的。

（3）检验批的抽样方案。合理的抽样方案的制定对检验批的质量验收有十分重要的影响。在制定检验批的抽样方案时，应考虑合理分配生产方风险（或错判概率 α）和使用方风险（或漏判概率 β）。主控项目对应于合格质量水平的 α 和 β 均不宜超过 5%；一般项目对应于合格质量水平的 α 不宜超过 5%，β 不宜超过 10%。

（4）检验批的质量验收记录。检验批的质量验收记录由施工项目专业质量检查员填写，监理工程师（建设单位技术负责人）组织项目专业质量检查员等进行验收。

（5）检验批的验收程序。检验批由专业监理工程师组织项目专业质量检验员等进行验收。

3. 检验批的质量验收流程

检验批的质量验收流程如图 4.1 所示。

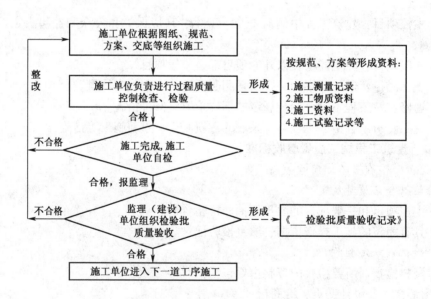

图 4.1　检验批的质量验收流程

4.4.2.2　分项工程质量验收

分项工程的验收在检验批的基础上进行。分项工程合格质量的条件比较简单，只要构成分项工程的各检验批的验收资料文件完整，并且均已验收合格，则分项工程验收合格。

1. 分项工程质量验收合格应符合的规定

（1）分项工程所含的检验批均应符合合格质量规定。

（2）分项工程所含的检验批的质量验收记录应完整。

2. 分项工程质量验收记录

分项工程质量应由监理工程师（建设单位项目专业技术负责人）组织项目专业技术负责人等进行验收。

3. 分项工程的验收程序

分项工程由专业监理工程师组织项目专业技术负责人等进行验收。

4. 分项工程质量验收流程

分项工程质量验收流程如图 4.2 所示。

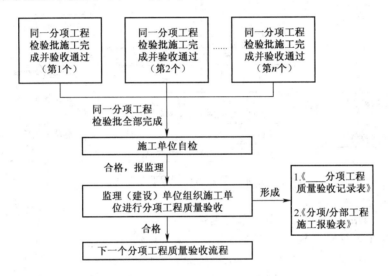

图 4.2　分项工程质量验收流程

4.4.2.3　分部（子分部）工程质量验收

1. 分部（子分部）工程质量验收合格应符合的规定

（1）分部（子分部）工程所含分项工程的质量均应验收合格。

（2）质量控制资料应完整。

（3）地基与基础、主体结构和设备安装等分部工程有关安全及功能的检验和抽样检测结果应符合有关规定。

（4）观感质量验收应符合要求。

涉及安全和使用功能的地基基础、主体结构、有关安全及重要使用功能的安装分部工程，应进行有关见证取样、送样试验或抽样检测。观感质量验收评价的结论为"好""一般"和"差"三种。对于"差"的检点应通过返修处理等进行补救。

2. 分部（子分部）工程质量验收记录

（1）分部（子分部）工程质量应由总监理工程师（建设单位项目专业负责人）组织施工项目经理和有关勘察、设计单位项目负责人进行验收。

（2）分部工程的验收程序。分部工程应由总监理工程师（建设单位项目负责人）组织施工单位项目负责人和项目技术、质量负责人等进行验收；由于地基基础、主体结构技术性能要求严格，技术性强，关系到整个工程的安全，因此规定与地基基础、主体结构分部工程相关的勘察、设计单位工程项目负责人和施工单位技术、质量部门负责人也应参加相关分部工程验收。

（3）分部（子分部）工程质量验收流程如图 4.3 所示。

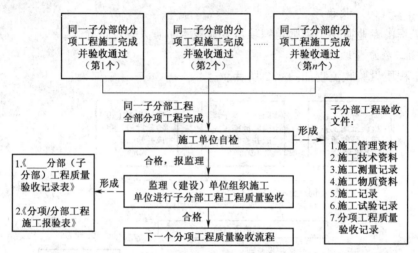

图 4.3　分部（子分部）工程质量验收流程

4.4.2.4　单位（子单位）工程质量验收

1. 单位（子单位）工程质量验收合格应符合的规定

（1）单位（子单位）工程所含分部（子分部）工程的质量应验收合格。

（2）质量控制资料应完整。

（3）单位（子单位）工程所含分部工程有关安全和功能的检验资料应完整。

（4）主要功能项目的抽查结果应符合相关专业质量验收规范的规定。

（5）观感质量验收应符合要求。

单位工程质量验收也称质量竣工验收，是建筑工程投入使用前的最后一次验收，也是最重要的一次验收。最后应该由各建筑参与方共同确定是否通过验收。

2. 单位（子工程）工程质量竣工验收记录

根据《建筑工程施工质量验收统一标准》（GB 50300—2013）中"附录 H 单位工程质量竣工验收记录"制作验收记录。

H.0.1　单位工程质量竣工验收应按表 H.0.1-1 记录，单位工程质量控制资料核查应按表 H.0.1-2 记录，单位工程安全和功能检验资料核查及主要功能抽查应按表 H.0.1-3 记录，单位工程观感质量检查应按表 H.0.1-4 记录。

H.0.2　表 H.0.1-1 中的验收记录由施工单位填写，验收结论由监理单位填写。综合验收结论经参加验收各方共同商定，由建设单位填写，应对工程质量是否符合设计文件和相关标准的规定及总体质量水平做出评价。

3. 单位（子单位）工程的验收程序与组织

（1）竣工初验收的程序。当单位工程达到竣工验收条件后，施工单位应在自查、自评工作完成后，填写工程竣工报验单，并将全部竣工资料报送项目监理机构，申请竣工验收。总监理工程师应组织各专业监理工程师对竣工资料及各专业工程的质量情况进行全面检查，对检查出的问题，应督促施工单位及时整改。对需要进行功能试验的项目（包括单机试车和无负荷试车），监理工程师应督促施工单位及时进行试验，并对重要项目进行监督、检查，必要时请建设单位和设计单位参加；监理工程师应认真审查试验报告单并督促施工单位搞好成品保护和现场清理。

经项目监理机构对竣工资料及实物全面检查、验收合格后，由总监理工程师签署工程竣工报验单，并向建设单位提出质量评估报告。

（2）正式验收。建设单位收到工程验收报告后，应由建设单位（项目）负责人组织施工（含分包单位）、设计、监理等单位（项目）负责人进行单位（子单位）工程验收。单位工程由分包单位施工时，分包单位对所承包的工程项目应按规定的程序检查评定，总包单位应派人参加。分包工程完成后，应将工程有关资料交总包单位。建设工程经验收合格的，方可交付使用。

建设工程竣工验收应当具备下列条件：

1）完成建设工程设计和合同约定的各项内容。

2）有完整的技术档案和施工管理资料。

3）有工程使用的主要建筑材料、建筑构配件和设备的进场试验报告。

4）有勘察、设计、施工、工程监理等单位分别签署的质量合格文件。

5）有施工单位签署的工程保修书。

在竣工验收时，对某些剩余工程和缺陷工程，在不影响交付的前提下，经建设单位、设计单位、施工单位和监理单位协商，施工单位应在竣工验收后的限定时间内完成。

参加验收各方对工程质量验收意见不一致时，可请当地建设行政主管部门或工程质量监督机构协调处理。

4. 单位工程竣工验收备案

单位工程质量验收合格后，建设单位应在规定时间内将工程竣工验收报告和有关文件，报建设行政管理部门备案。

（1）凡在中华人民共和国境内新建、扩建、改建各类房屋建筑工程和市政基础设施工程的竣工验收，均应按有关规定进行备案。

（2）国务院建设行政主管部门和有关专业部门负责全国工程竣工验收的监督管理工作。县级以上地方人民政府建设行政主管部门负责本行政区域内工程的竣工验收备案管理工作。

5. 工程竣工验收流程

工程竣工验收流程如图 4.4 所示。

6. 工程施工质量不符合要求时的处理

非正常情况可按下述规定进行处理：

（1）经返工重做或更换器具、设备检验批，应重新进行验收。

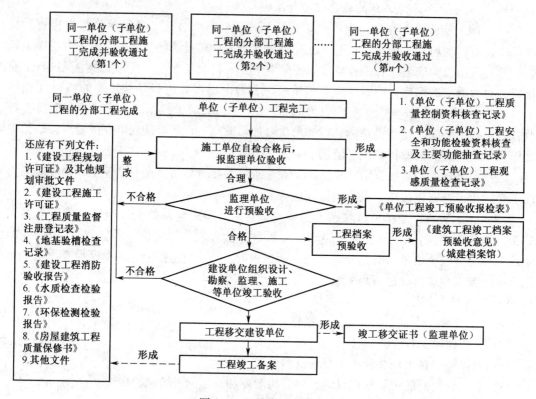

图 4.4　工程竣工验收流程

（2）经有资质的检测单位鉴定达到设计要求的检验批，应予以验收。

（3）经有资质的检测单位鉴定达不到设计要求但经原设计单位核算认可能满足结构安全和使用功能的检验批，可予以验收。

（4）经返修或加固的分项、分部工程，虽然改变外形尺寸但仍能满足安全使用要求，可按技术处理方案和协商文件进行验收。

（5）通过返修或加固仍不能满足安全使用要求的分部工程、单位（子单位）工程，严禁验收。

本 章 小 结

通过本章学习，使学生了解质量管理计划的基本概念；熟悉"PDCA"循环模式和质量控制的系统过程；掌握质量控制主要方式和方法，以及检验批、分项、分部和单位工程质量验收的内容、程序和组织；能够处理在工程实际中与工程质量相关的问题。

思 考 题

4.1　建设工程项目质量的影响因素有哪些？

4.2　简述全面质量管理的方法。

4.3　简述质量检验的方法。

4.4　简述施工过程的作业质量控制。

4.5　施工过程验收包括什么？

4.6　简述建筑工程施工质量验收的程序和组织。

知识链接：质量管理八项原则

随着全球竞争的不断加剧，质量管理越来越成为所有组织管理工作的重点。一个组织应具有怎样的组织文化，以保证向顾客提供高质量的产品呢？ISO/TC176/SC2/WG15 结合 ISO9000 标准 2000 年版制定工作的需要，通过广泛的顾客调查制定了质量管理八项原则。为了能对质量管理原则的定义取得高度的一致，又编制了仅包含质量管理八项原则的新文件 ISO/TC176/SC2/WG15/N130《质量管理原则》。在 1997 年 9 月 27 日至 29 日召开的哥本哈根会议上，36 个投票国以 32 票赞同 4 票反对通过了该文件，并由 ISO/TC176/SC2/N376 号文件予以发布。

质量管理八项原则如下：

（1）以顾客为关注焦点（中心原则）。

（2）领导作用（关键原则）。

（3）全员参与（其他原则）。

（4）过程方法：将相关的资源和活动作为过程来进行管理，可以更高效地达到预期的目的。

（5）管理的系统方法：将相互关联的过程作为系统加以识别、理解并管理，有助于提高组织的有效性和效率。

（6）持续改进：是一个组织永恒的目标。

（7）基于事实的决策方法：有效的决策是建立在对数据和信息进行合乎逻辑和直观的分析基础上。

（8）与供方互利的关系：相互依存，相互勉励。

第5章 成本管理计划

◇教学目标
- 了解成本管理计划的基本概念和作用。
- 熟悉成本管理的内容和措施。
- 熟悉成本管理的编制方法。
- 熟悉成本的控制方法。
- 掌握工程费用结算方法。
- 掌握工程索赔。

5.1 成本管理计划概述

5.1.1 基本概念

项目成本管理计划是保证实现项目施工成本目标的管理计划，是项目经理部对项目施工成本进行计划管理的工具。它以货币形式编制工程项目在计划期内的生产费用、成本水平、成本降低率以及降低成本所采取的主要措施和规划的书面方案，是建立项目成本管理责任制、开展成本控制和核算的基础。

项目成本是指建筑业企业以项目作为成本核算对象的施工过程中所耗费的生产资料转移价值和劳动者的必要劳动所创造的价值的货币形式。

施工成本是指在建设工程项目的施工过程中所发生的全部生产费用的总和，包括所消耗的原材料、辅助材料、构配件等的费用，周转材料的摊销费或租赁费等，施工机械的使用费或租赁费等，支付给生产工人的工资、奖金、工资性质的津贴等，以及进行施工组织与管理所发生的全部费用支出。

5.1.2 施工成本组成

施工成本由直接成本和间接成本组成。

直接成本是指施工过程中耗费的构成工程实体或有助于工程实体形成的各项费用支出，它是指可以直接计入工程对象的费用，包括人工费、材料费、施工机械使用费和施工措施费等。

间接成本是指为施工准备、组织和管理施工生产支出的全部费用，是非直接用于且无法直接计入工程对象，但为进行工程施工所必须发生的费用，包括管理人员工资、办公费、差旅交通费等。

根据建筑产品成本运行规律，成本管理责任体系应包括组织管理层和项目经理部。组织管理层的成本管理除生产成本以外，还包括经营管理费用；项目管理层应对生产成本进行管理。组织管理层贯穿于项目投标、实施和结算过程，体现效益中心的管理职能；项目管理层则着眼于执行组织确定的施工成本管理目标，发挥现场生产成本控制中心的管理职能。

下面以现有建筑企业构成为例进行说明，如表 5.1 所示。

表 5.1　某建筑企业费用构成

建设工程费	直接费	人工费	计时工资（或计件工资）
			津贴、补贴
			特殊情况下支付的工资
		材料费	材料原价
			运杂费
			运输损耗费
			采购及保管费
		机械费	折旧费
			大修理费
			经常修理费
			安拆费及场外运费
			人工费
			燃料动力费
			税费
	间接费	企业管理费	管理人员工资
			办公费
			差旅交通费
			固定资产使用费
			工具用具使用费
			劳动保险及职工福利费
			劳动保护费
			工会经费
			职工教育经费
			财产保险费
			财务费
			税金及附加
			其他
		规费	社会保险费
			住房公积金
			工程排污费
	利润		
	增值税		

【例 5.1】　某公司拟建一综合大楼，安装工程预算造价 2500 万元，以 17%优惠率发包给区五建公司承建，区五建公司为加强管理，对一分公司实行内部承包，承包价为中标价的 95%。一分公司实际经营成本为：现场经费 50 万元，生产工人工资 520 万

元，材料费 800 万元，机械费 100 万元，其他直接费 80 万元。税金及附加为 3.381%。

试计算区五建公司的中标价、项目施工成本、企业利润、税金、项目部利润（假设本工程无任何变更费用）。

解：（1）某公司综合大楼安装工程成本 = 2500×（1−17%）= 2075（万元）

（2）区五建公司中标价 = 2075（万元）

（3）税金及附加 = 2075×3.381% = 79.06（万元）

（4）项目部承包价 = 2075 ×（1 − 5%）− 79.06 = 1892.19(万元)

（5）项目部成本 = 50+520+800+100+80 = 1550（万元）

（6）项目部利润 = 1892.19−1550 = 342.19（万元）

（7）区五建公司利润 = 2075×5% = 103.75（万元）

以此可以看出，成本是相对的概念，该工程中，安装工程成本、区五建公司成本、项目部成本分别为 2075 万元、1892.19 万元、1550 万元。而我们研究的是项目成本，即 1550 万元。

5.2　成本管理的内容和措施

5.2.1　成本管理的内容

1. 施工成本预测

施工成本预测就是根据成本信息和施工项目的具体情况，运用一定的专门方法，对未来的成本水平及其可能的发展趋势作出科学的估计，是在工程施工以前对成本进行的估算。通过成本预测，可以在满足项目业主和本企业要求的前提下，选择成本低、效益好的最佳成本方案，并能够在施工项目成本形成过程中，针对薄弱环节，加强成本控制，克服盲目性，提高预见性。因此，施工成本预测是施工项目成本决策与计划的依据。

施工成本预测，通常是对施工项目计划工期内影响其成本变化的各个因素进行分析，比照近期已完工施工项目或将完工施工项目的成本（单位成本），预测这些因素对工程成本中有关项目的影响程度，预测工程的单位成本或总成本。

2. 施工成本计划

（1）施工成本计划是以货币形式编制施工项目在计划期内的生产费用、成本水平、成本降低率以及为降低成本所采取的主要措施和规划的书面方案，它是建立施工项目成本管理责任制、开展成本控制和核算的基础，是该项目降低成本的指导文件，是设立目标成本的依据。可以说，成本计划是目标成本的一种形式。施工成本计划应满足以下要求：

1）合同规定的项目质量和工期要求。

2）组织对施工成本管理目标的要求。

3）以经济合理的项目实施方案为基础的要求。

4）有关定额及市场价格的要求。

（2）施工成本计划的具体内容。

1）编制说明。编制说明指对工程的范围、投标竞争过程及合同条件、承包人对项目经理提出的责任成本目标、施工成本计划编制的指导思想和依据等的具体说明。

2）施工成本计划的指标。施工成本计划的指标应经过科学的分析预测确定，可以采用对比法、因素分析法等进行测定。

施工成本计划一般情况下有以下三类指标：

a. 成本计划的数量指标，例如，按子项汇总的工程项目计划总成本指标，按分部汇总的各单位工程（或子项目）计划成本指标，按人工、材料、机械等各主要生产要素计划成本指标。

b. 成本计划的质量指标，如施工项目总成本降低率：

设计预算成本计划降低率＝主设计预算总成本计划降低额/设计预算总成本

责任目标成本计划降低率＝责任目标总成本计划降低额/责任目标总成本

c. 成本计划的效益指标，如工程项目成本降低额：

设计预算成本计划降低额＝设计预算总成本−计划总成本

责任目标成本计划降低额＝责任目标总成本−计划总成本

（3）按工程量清单列出的单位工程计划成本汇总表。

（4）按成本性质划分的单位工程成本汇总表。根据清单项目的造价分析，分别对人工费、材料费、机械费、措施费、企业管理费、规费和税费进行汇总，形成单位工程成本计划表。

项目计划成本应在项目实施方案确定和不断优化的前提下进行编制，因为不同的实施方案将导致直接工程费、措施费和企业管理费的差异。成本计划的编制是施工成本预控的重要手段。因此，应在工程开工前编制完成，以便将计划成本目标分解落实，为各项成本的执行提供明确的目标、控制手段和管理措施。

3. 施工成本控制

施工成本控制是指在施工过程中，对影响施工成本的各种因素加强管理，并采取各种有效措施，将施工中实际发生的各种消耗和支出严格控制在成本计划范围内，随时揭示并及时反馈，严格审查各项费用是否符合标准，计算实际成本和计划成本之间的差异并进行分析，进而采取多种措施，消除施工中的非必要损失和浪费现象。

建设工程项目施工成本控制应贯穿于项目从投标阶段开始直至竣工验收的全过程，它是企业全面成本管理的重要环节。施工成本控制可分为事先控制、事中控制（过程控制）和事后控制。在项目的施工过程中，需按动态控制原理对实际施工成本的发生过程进行有效控制。

合同文件和成本计划是成本控制的目标，进度报告和工程变更与索赔资料是成本控制过程中的动态资料。

成本控制的程序体现了动态跟踪控制的原理。成本控制报告可单独编制，也可以根据需要与进度、质量、安全和其他进展报告结合，提出综合进展报告。

成本控制应满足下列要求：

（1）要按照计划成本目标值来控制生产要素的采购价格，并认真做好材料、设备进场数量和质量的检查、验收与保管。

（2）要控制生产要素的利用效率和消耗定额，如任务单管理、限额领料、验工报告审核等。同时要做好不可预见成本风险的分析和预控，包括编制相应的应急措施等。

（3）控制影响效率和消耗量的其他因素（如工程变更等）所引起的成本增加。

（4）把施工成本管理责任制度与对项目管理者的激励机制结合起来，以增强管理人员的成本意识和控制能力。

（5）承包人必须有一套健全的项目财务管理制度，按规定的权限和程序对项目资金的使用和费用的结算支付进行审核、审批，使其成为施工成本控制的一个重要手段。

4. 施工成本核算

施工成本核算包括两个基本环节：一是按照规定的成本开支范围对施工费用进行归集和分配，计算出施工费用的实际发生额；二是根据成本核算对象，采用适当的方法，计算出该施工项目的总成本和单位成本。施工成本管理需要正确及时地核算施工过程中发生的各项费用，计算施工项目的实际成本。施工项目成本核算所提供的各种成本信息是成本预测、成本计划、成本控制、成本分析和成本考核等各个环节的依据。

施工成本一般以单位工程为成本核算对象，但也可以按照承包工程项目的规模、工期、结构类型、施工组织和施工现场等情况，结合成本管理要求，灵活划分成本核算对象。施工成本核算的基本内容包括以下几项：

（1）人工费核算。

（2）材料费核算。

（3）周转材料费核算。

（4）结构件费核算。

（5）机械使用费核算。

（6）其他措施费核算。

（7）分包工程成本核算。

（8）间接费核算。

（9）项目月度施工成本报告编制。

施工成本核算制是明确施工成本核算的原则、范围、程序、方法、内容、责任及要求的制度。项目管理必须实行施工成本核算制，它和项目经理责任制等共同构成了项目管理的运行机制。组织管理层与项目管理层的经济关系、管理责任关系、管理权限关系，以及项目管理组织所承担的责任成本核算的范围、核算业务流程和要求等，都应以制度的形式作出明确的规定。

项目经理部要建立一系列项目业务核算台账和施工成本会计账户，实施全过程的成本核算，具体可分为定期的成本核算和竣工工程成本核算，如每天、每周、每月的成本核算。定期的成本核算是竣工工程全面成本核算的基础。

形象进度、产值统计、实际成本归集三同步，即三者的取值范围应是一致的。形象进度表达的工程量、统计施工产值的工程量和实际成本归集所依据的工程量均应是相同的数值。

对竣工工程的成本核算，应区分为竣工工程现场成本和竣工工程完全成本，分别由项目经理部和企业财务部门进行核算分析，其目的在于分别考核项目管理绩效和企业经营效益。

5. 施工成本分析

施工成本分析是在施工成本核算的基础上，对成本的形成过程和影响成本升降的因素进行分析，以寻求进一步降低成本的途径，包括有利偏差的挖掘和不利偏差的纠正。施工成本分析贯穿于施工成本管理的全过程，是在成本的形成过程中，主要利用施工项目的成本核算资料（成本信息）与目标成本、预算成本以及类似的施工项目的实际成本等进行比较，了解成本的变动情况。同时，也要分析主要技术经济指标对成本的影响，系统研究导致成本变动的因素，检查成本计划的合理性，并通过成本分析，深入揭示成本变动的规律，寻找降低施工项目成本的途径，以便有效地进行成本控制。成本偏差的控制，分析是关键，纠偏是核心，要针对分析得出的偏差发生原因，采取切实措施，加以纠正。

成本分析的方法可以单独使用，也可结合使用。尤其是在进行成本综合分析时，必须使用基本方法。为了更好地说明成本升降的具体原因，必须依据定量分析的结果进行定性分析。

成本偏差分为局部成本偏差和累计成本偏差。局部成本偏差包括项目的月度（或周、天等）核算成本偏差、专业核算成本偏差以及分部分项作业成本偏差等；累计成本偏差是指已完工程在某一时间点上的实际总成本与相应的计划总成本的差异。对成本偏差的原因分析，应采取定量和定性相结合的方法。

6. 施工成本考核

施工成本考核是指在施工项目完成后，对施工项目成本形成中的各责任者，按施工项目成本目标责任制的有关规定，将成本的实际指标与计划、定额、预算进行对比和考核，评定施工项目成本计划的完成情况和各责任者的业绩，并以此给以相应的奖励和处罚。通过成本考核，做到有奖有惩，赏罚分明，才能有效地调动每一位员工在各自施工岗位上努力完成目标成本的积极性，为降低施工项目成本和增加企业的积累作出自己的贡献。

施工成本考核是衡量成本降低的实际成果，也是对成本指标完成情况的总结和评价。

成本考核制度包括考核的目的、时间、范围、对象、方式、依据、指标、组织领导、评价与奖惩原则等内容。

以施工成本降低额和施工成本降低率作为成本考核的主要指标，要加强组织管理层对项目管理部的指导，并充分依靠技术人员、管理人员和作业人员的经验和智慧，防止项目管理在企业内部异化为靠少数人承担风险的以包代管模式。成本考核也可分别考核组织管理层和项目经理部。

项目管理组织对项目经理部进行考核与奖惩时，既要防止虚盈实亏，也要避免实际成本归集差错等的影响，使施工成本考核真正做到公平、公正、公开，在此基础上兑现施工成本管理责任制的奖惩或激励措施。

施工成本管理的每一个环节都是相互联系和相互作用的。成本预测是成本决策的前提，成本计划是成本决策所确定目标的具体化。成本计划控制则是对成本计划的实施进行控制和监督，保证决策的成本目标的实现，而成本核算又是对成本计划是否实现的最后检验，它所提供的成本信息又对下一个施工项目成本预测和决策提供基础资料。成本考核是实现成本目标责任制的保证和实现决策目标的重要手段。

5.2.2　成本管理的措施

为了取得施工成本管理的理想效果，应当从多方面采取措施实施管理，通常可以将这些措施归纳为组织措施、技术措施、经济措施、合同措施四类。

1. 组织措施

组织措施是从施工成本管理的组织方面采取的措施。施工成本控制是全员的活动，如实行项目经理责任制，落实施工成本管理的组织机构和人员，明确各级施工成本管理人员的任务和职能分工、权利和责任。施工成本管理不仅是专业成本管理人员的工作，各级项目管理人员都负有成本控制责任。

组织措施的另一方面是编制施工成本控制工作计划，确定合理详细的工作流程。要做好施工采购规划，通过生产要素的优化配置、合理使用、动态管理，有效控制实际成本；加强施工定额管理和施工任务单管理，控制劳动力的消耗；加强施工调度，避免因施工计划不周和盲目调度造成窝工损失、机械利用率降低、物料积压等情况而使施工成本增加。成本控制工作只有建立在科学管理的基础之上，具备合理的管理体制、完善的规章制度、稳定的作业秩序、完整准确的信息传递，才能取得成效。组织措施是其他各类措施的前提和保障，而且一般不需要增加什么费用，运用得当可以收到良好的效果。

2. 技术措施

施工过程中降低成本的技术措施包括：进行技术经济分析，确定最佳的施工方案；结合施工方法，进行材料使用的比选，在满足功能要求的前提下，通过代用、改变配合比、使用添加剂等方法降低材料消耗的费用；确定最合适的施工机械、设备使用方案；结合项目的施工组织设计及自然地理条件，降低材料的库存成本和运输成本；先进的施工技术的应用、新材料的运用、新开发机械设备的使用等。在实践中，也要避免仅从技术角度选定方案而忽视对其经济效果的分析论证。

技术措施不仅对解决施工成本管理过程中的技术问题是不可缺少的，而且对纠正施工成本管理目标偏差也有相当重要的作用。因此，运用技术纠偏措施的关键，一是要能提出多个不同的技术方案，二是要对不同的技术方案进行技术经济分析。

3. 经济措施

经济措施是最易为人们所接受和采用的措施。管理人员应编制资金使用计划，确定、分解施工成本管理目标；对施工成本管理目标进行风险分析，并制定防范性对策；对各种支出应认真做好资金的使用计划，并在施工中严格控制各项开支；及时、准确地记录、收集、整理、核算实际发生的成本；对各种变更，及时做好增减账，及时落实业主签证，及时结算工程款；通过偏差分析和未完工工程预测，可发现一些潜在的问题将引起未完工程施工成本增加，对这些问题应以主动控制为出发点，及时采取预防措施。由此可见，经济措施的运用绝不仅仅是财务人员的事情。

4. 合同措施

采用合同措施控制施工成本，应贯穿整个合同周期，包括从合同谈判开始到合同终结的全过程。首先是选用合适的合同结构，对各种合同结构模式进行分析、比较，在合同谈判时，要争取选用适合于工程规模、性质和特点的合同结构模式。其次是在合同的条款中应仔细考虑一切影响成本和效益的因素，特别是潜在的风险因素。通过对引起成本变动的风险因素的识别和分析，采取必要的风险对策，如通过合理的方式，增加承担风险的个体数量，降低损失发生的比例，并最终使这些策略反映在合同的具体条款中。在合同执行期间，合同管理的措施既要密切注视对方合同执行的情况，以寻求合同索赔的机会；同时也要密切关注自己履行合同的情况，以防止被对方索赔。

5.3　成本计划的编制方法

施工成本计划的编制以成本预测为基础，是确定目标成本的关键。计划的制订，要结合施工组织设计的编制过程，通过不断优化施工技术方案和合理配置生产要素，进行工、料、机消耗的分析，制定一系列节约成本和挖潜措施，确定施工成本计划。一般情况下，施工成本计划总额应控制在目标成本的范围内，并使成本计划建立在切实可行的基础之上。

施工总成本目标确定之后，还需通过编制详细的实施性施工成本计划把目标成本层层分解，落实到施工过程的每个环节，有效地进行成本控制。

5.3.1　按施工成本组成编制施工成本计划

施工成本可以按成本组成分解为人工费、材料费、施工机械使用费、企业管理费等，编制施工成本计划。

5.3.2　按项目组成编制施工成本计划

大中型工程项目通常是由若干单项工程构成的，而每个单项工程包括了多个单位工程，每个单位工程又是由若干个分部分项工程所构成。因此，首先要把项目总施工成本分解到单项工程和单位工程中，再进一步分解为分部工程和分项工程。注意：要在主要的分项工程中安排适当的不可预见费。

在完成施工项目成本目标分解之后，接下来就要具体地分配成本，编制分项工程的成本支出计划，从而得到详细的成本计划表，如表 5.2 所示。

表 5.2　成本计划表

分项工程编码	工程内容	计量单位	工程数量	计划综合单价	本分项总计

在编制成本支出计划时，要在项目的方面考虑总的预备费，也要在主要的分项工程中安排适当的不可预见费，避免在具体编制成本计划时，可能发现个别单位工程或工程量表中某项内容的工程量计算有较大出入，使原来的成本预算失实，并在项目实施过程中对其尽可能地采取一些措施。

5.3.3　按工程进度编制施工成本计划

按工程进度编制的施工成本计划，可利用控制项目进度的网络图进一步扩充而得。在建立网络图时，一方面确定完成各项工作所花费的时间，另一方面确定完成这一工作的合适的施工成本支出计划。在实践中，将工程项目分解为既能方便地表示时间，又能方便地表示施工成本支出计划的工作是不容易的，通常若项目分解程度对时间控制合适，则对施工成本支出计划可能分解得过细，以至于不可能针对每项工作确定其施工成本支出计划，反之亦然。因此，在编制网络计划时，应在充分考虑进度控制对项目划分要求的同时，考虑确定施工成本支出计划对项目划分的要求，做到二者兼顾。

通过对施工成本目标按时间进行分解，在网络计划的基础上，可获得项目进度计划横道图，并在此基础上编制成本计划。成本计划主要有两种：一种是在时标网络上按月编制的成本计划，另一种是利用时间—成本累积曲线（"S"形曲线）表示。

时间—成本累积曲线的绘制步骤如下：

（1）确定工程项目进度计划，编制进度计划的横道图。

（2）根据每单位时间内完成的实物工程量或投入的人力、物力和财力，计算单位时间（月或旬）的成本，在时标网络图上按时间编制成本支出计划。

（3）计算规定时间计划累计支出的成本额，其计算方法为各单位时间计划完成的成本额累加求和，可按下式计算：

$$Q_t = \sum_{n=i} q_n \qquad (5.1)$$
$$\qquad (5.2)$$

式中，Q_t——某时间 t 计划累计支出成本；

$\quad q_n$——单位时间 n 的计划支出成本额；

$\quad t$——某规定计划时间。

（4）按规定时间的 Q_t 值，绘制"S"形曲线。

每一条"S"形曲线都对应某一特定的工程进度计划，因为在进度计划的关键路线中存在许多有时差的工序或工作，因而"S"形曲线（时间—成本累积曲线）必然包括在由全部工作都按最早开工时间开始和全部工作都按最迟必须开工时间开始的曲线所组成的"香蕉图"内。项目经理可根据编制的成本支出计划来合理安排资金，同时项目经理也可根据筹措的资金来调整"S"形曲线，即通过调整非关键线路上的工序项目的最早或最迟开工时间，力争将实际成本支出控制在计划的范围内。

一般而言，所有工作都是按最迟开工时间开始，这对节约资金贷款利息是有利的，但同时，也降低了项目按期竣工的保证率，因此项目经理必须合理地确定成本支出计划，达到既节约成本支出又能控制项目工期的目的。

以上三种编制施工成本计划的方式并不是相互独立的。在实践中，往往是将几种方式结合起来使用，从而可以取得扬长避短的效果。例如，将按项目分解项目总施工成本与按施工成本构成分解项目总施工成本两种方式相结合，横向按施工成本构成分解，纵向按项目分解，或相反。这种分解方式有助于检查各分部分项工程施工成本构成是否完整，有无重复计算或漏算，同时还有助于检查各项具体施工成本支出对象是否明确或落实，并且可以从数字上校对分解的结果有无错误。或者还可将按项目分解项目总施工成本计划与按时间分解项目总施工成本计划结合起来，一般纵向按项目分解，横向按时间分解。

5.4 成本计划的控制

建筑施工成本控制是对建筑产品形成全过程的全面控制。其主要目的就是在保证施工项目质量达到设计标准的情况下，使其经济效益达到最佳，即依据质量成本目标，对质量成本形成过程中的一切耗费进行计算和审核，揭示偏差，采取措施，及时纠偏，以实现预期的质量成本目标。

5.4.1 施工成本控制的依据

1. 工程承包合同

施工成本控制要以工程承包合同为依据，围绕降低工程成本这个目标，从预算收入和实际成本两方面，努力挖掘增收节支潜力，以求获得最大的经济效益。

2. 施工成本计划

施工成本计划是根据施工项目的具体情况制订的施工成本控制方案，既包括预定的具体成本控制目标，又包括实现控制目标的措施和规划，是施工成本控制的指导文件。

3. 进度报告

进度报告提供了每一时刻工程实际完成量，工程施工成本实际支付情况等重要信息。施工成本控制工作正是通过实际情况与施工成本计划相比较，找出二者之间的差别，分析偏差产生的原因，从而采取措施改进以后的工作。此外，进度报告还有助于管理者及时发现工程实施中存在的问题，并在事态尚未造成重大损失之前采取有效措施，尽量避免损失。

4. 工程变更

在项目的实施过程中，由于各方面的原因，工程变更是很难避免的。工程变更一般包括设计变更、进度计划变更、施工条件变更、技术规范与标准变更、施工次序变更、工程数量变更等。一旦出现变更，工程量、工期、成本都必将发生变化，从而使得施工成本控制工作变得更加复杂和困难。因此，施工成本管理人员就应当通过对变更要求当中各类数据的计算、分析，随时掌握变更情况，包括已发生工程量、将要发生工程量、工期是否拖延、支付情况等重要信息，判断变更以及变更可能带来的索赔额度等。

除上述几种施工成本控制工作的主要依据以外，有关施工组织设计、分包合同等也是施工成本控制的依据。

5.4.2 施工成本控制的步骤

在确定施工成本计划之后，必须定期进行施工成本计划值与实际值的比较，当实际值偏离计划值时，要分析产生偏差的原因，采取适当的纠偏措施，以确保施工成本控制目标的实现。其中纠偏是施工成本控制中最具实质性的一步。

（1）比较：按照某种确定的方式将施工成本计划值与实际值逐项进行比较，以发现施工成本是否已超支。

（2）分析：在比较的基础上，对比较的结果进行分析，以确定偏差的严重性及偏差产生的原因。这一步是施工成本控制工作的核心，其主要目的在于找出产生偏差的原因，从而采取有针对性的措施，减少或避免相同情况的再次发生或减少由此造成的损失。

（3）预测：根据项目实施情况估算整个项目完成时的施工成本。预测的目的在于为决策提供支持。

（4）纠偏：当工程项目的实际施工成本出现了偏差，应当根据工程的具体情况、偏差分析和预测的结果，采取适当的措施，以期达到使施工成本偏差尽可能小的目的。纠偏是施工成本控制中最具实质性的一步。只有通过纠偏，才能最终达到有效控制施工成本的目的。

对偏差原因进行分析的目的是有针对性地采取纠偏措施，从而实现成本的动态控制和主动控制。纠偏首先要确定纠偏的主要对象，有些偏差原因是无法避免和控制的，如客观原因，充其量只能对其中少数原因做到防患于未然，力求减少该原因所产生的经济损失。在确定纠偏的主要对象之后，就需要采取有针对性的纠偏措施。纠偏可采用组织措施、经济措施、技术措施和合同措施等。

（5）检查：是指对工程的进展进行跟踪和检查，及时了解工程进展状况以及纠偏措施的执行情况和效果，为今后的工作积累经验。

5.4.3　施工成本控制的方法

5.4.3.1　施工成本的过程控制方法

施工阶段是控制建设工程项目成本发生的主要阶段，可以通过确定成本目标并按计划成本进行施工资源配置，对施工现场发生的各种成本费用进行有效控制，其具体的控制方法如下。

1. 人工费的控制

施工人员是施工过程的主体，工程质量的形成要受到所有参加工程项目施工的工程技术干部、操作人员、服务人员的共同劳动的限制，人工费支出约占建筑产品成本的 17%，这是形成工程质量的主要因素。质量成本控制应从人员费用支出方面入手，注重促进建筑质量和人工效率的综合作用，加强建筑施工人员的政治思想教育、劳动纪律教育、职业道德素质教育，从确保质量的前提出发，强化施工人员的质量成本管理培训，提高他们的质量意识，在施工过程中严格执行质量标准和操作规程，保质保量地完成施工任务；同时，实行施工质量报酬挂钩制度，将建筑施工质量、效率与人员的薪金报酬相挂钩，用合格施工质量为主导来考核人工的劳动量与支付人工费用，以促进施工人员发挥主观能动性，不断提高施工的质量和效率。

2. 材料费的控制

材料费是建筑施工企业成本的控制重点。材料（含构配件）的质量是工程质量的基础，材料的质量不符合工程质量要求，建筑工程质量也不可能达标。材料费开支约占建筑产品成本的 63%，加强材料的质量控制一定要按工程技术规范要求的品种、规格、技术参数等采购相关的成品或半成品，建立严格检查验收制度，建立质量管理台账，实行材料收、发、储、运等各环节的管理，避免混料和将不合格的原材料使用到工程上。

（1）材料用量的控制。在保证符合设计要求和质量标准的前提下，合理使用材料，通过定额管理、计量管理等手段有效控制材料物资的消耗，具体方法如下。

1）定额控制。对于有消耗定额的材料，以消耗定额为依据，实行限额发料制度。在规定限额内分期分批领用，超过限额领用的材料，必须先查明原因，经过一定审批手续方可领料。

2）指标控制。对于没有消耗定额的材料，实行计划管理和按指标控制的办法。

根据以往项目的实际耗用情况，结合具体施工项目的内容和要求，制定领用材料指标，据以控制发料。超过领用指标的材料，必须经过一定的审批手续方可领用。

3）计量控制。准确做好材料物资的收发计量检查和投料计量检查。

4）包干控制。在材料使用过程中，对部分小型及零星材料（如钢钉、钢丝等），根据工程量计算出所需材料量，将其折算成费用，由作业者包干控制。

（2）材料价格的控制。材料价格主要由材料采购部门控制。由于材料价格是由买价、运杂费、运输中的合理损耗等所组成，因此主要是通过掌握市场信息、应用招标和询价等方式控制材料、设备的采购价格。

施工项目的材料物资，包括构成工程实体的主要材料和结构件，以及有助于工程实体形成的周转使用材料和低值易耗品。从价值角度看，材料物资的价值约占建筑安装工程造价的 60%~70%，其重要程度自然是不言而喻的。由于材料物资的供应渠道和管理方式各不相同，所以控制的内容和所采取的控制方法也将有所不同。

3. 施工机械使用费的控制

施工机械设备是实现施工机械化的重要物质基础，同时也是现代化施工中必不可少的设备，对施工项目的质量、进度有着直接的影响。机械费的开支约占建筑成本的 7%，因此建筑施工企业在机械设备的选用方面必须综合考虑施工现场的条件、建筑结构形式、机械设备性能、施工工艺和方法、施工组织与管理，严格遵守操作规程，并加强对施工机械的维修、保养、管理。确保机械设备的完好率达到 100%，始终处于最佳使用状态，充分发挥机械设备的效能，使施工质量得到充分的保证。

合理选择和使用施工机械设备对成本控制具有十分重要的意义，尤其是高层建筑施工。据某些工程实例统计，高层建筑地面以上部分的总费用中，垂直运输机械费用占 6%~10%。由于不同的起重运输机械各有不同的用途和特点，因此在选择起重运输机械时，首先应根据工程特点和施工条件确定采取何种不同起重运输机械的组合方式。在确定采用何种组合方式时，首先应满足施工需要，同时还要考虑到费用的高低和综合经济效益。

施工机械使用费主要由台班数量和台班单价两方面决定，为有效控制施工机械使用费支出，主要从以下几方面入手：

（1）合理安排施工生产，加强设备租赁计划管理，减少因安排不当引起的设备闲置。

（2）加强机械设备的调度工作，尽量避免窝工，提高现场设备利用率。

（3）加强现场设备的维修保养，避免因不正当使用造成机械设备的停置。

（4）做好机上人员与辅助生产人员的协调与配合，提高施工机械台班产量。

4. 施工间接费支出的质量成本控制

施工间接费支出一般约占建筑产品成本的 11%。它包括建筑施工企业故障成本中的罚款、诉讼费用等项目。工程质量是在施工过程中形成的，而不是靠最后检验出来的。工程质量成本的控制涉及施工安全问题，绝不能因控制费用开支而减少安全措施的投入。要实施质量成本控制，就一定要把工程质量从事后检查把关转向事前控制。真正做到事前预防、事中控制和事后检验、反馈信息的有机结合，将施工间接费用控制在公司质量标准成本要求的范围内。

（1）施工前要逐项分析施工项目，可借助鱼刺图等工具，寻找在施工中可能或最容易出现的质量问题，提出相应的对策，采取质量预控措施降低返工、返修率等可避免的损失，加强施工工序的质量成本控制。

（2）在施工过程中严把安全关。在整个质量控制中，施工项目的安全工作要贯穿施工全过程中，避免由于安全问题给建筑施工企业带来质量成本损失。

（3）合理安排施工工序，采取有效措施保护分项、分部工程施工的建筑成品以及半成品的质量保护，避免后续施工造成质量损失，这也是严格控制质量成本的有效手段。

5. 施工过程方法的质量成本控制

施工过程中的方法是指整个建设周期内所采取的技术方案、工艺流程、组织措施、检测手段、施工组织设计等。施工方案正确与否，直接影响工程质量控制能否顺利实现。在施工中，往往会出现由于施工方案考虑不周而拖延进度、影响质量、增加质量成本支出的情况。为此，建筑施工企业应对施工过程实行监督控制，严格按照合同进度展开施工，应紧紧围绕影响质量成本变化的各个环节，如人工、材料、机械等，采用"PDCA"循环法进行施工质量成本的全过程、全员、全额的全面质量成本控制。

6. 施工分包费用的控制

分包工程价格的高低，必然对项目经理部的施工项目成本产生一定的影响。因此，施工项目成本控制的重要工作之一是对分包价格的控制。项目经理部应在确定施工方案的初期就要确定需要分包的工程范围。决定分包范围的因素主要是施工项目的专业性和项目规模。对分包费用的控制，主要是要做好分包工程的询价，订立平等互利的分包合同，建立稳定的分包关系网络，加强施工验收和分包结算等工作。

5.4.3.2　赢得值（挣值）法

赢得值法（Earned Value Management，EVM）作为一项先进的项目管理技术，是美国国防部于 1967 年首次确立的。到目前为止，国际上先进的工程公司普遍采用赢得值法进行工程项目的费用、进度综合分析控制。用赢得值法进行费用、进度综合分析控制，基本参数有三项，即已完工作预算费用、计划工作预算费用和已完工作实际费用。

1. 赢得值法的三个基本参数

（1）已完工作预算费用。已完工作预算费用为 BCWP（Budgeted Cost for Work Performed），是指在某一时间已经完成的工作（或部分工作），以批准认可的预算为标准所需要的资金总额，由于业主正是根据这个值为承包人完成的工作量支付相应的费用，也就是承包人获得（挣得）的金额，故称赢得值或挣值。其计算方式为

$$已完工作预算费用(BCWP) = 已完成工作量 \times 预算单价$$

（2）计划工作预算费用。计划工作预算费用简称 BCWS（Budgeted Cost for Work Scheduled），即根据进度计划在某一时刻应当完成的工作（或部分工作），以预算为标准所需要的资金总额，一般来说，除非合同有变更，BCWS 在工程实施过程中应保持不变。其计算方式为

$$计划工作预算费用（BCWS）= 计划工作量 \times 预算单价$$

（3）已完工作实际费用。已完工作实际费用简称 ACWP（Actual Cost for Work Performed），即到某一时刻为止，已完成的工作（或部分工作）所实际花费的总金额。其计算方式为

$$已完工作实际费用(ACWP) = 已完成工作量 \times 实际单价$$

2. 赢得值法的四个评价指标

在这三个基本参数的基础上，可以确定赢得值法的四个评价指标，它们也都是时间的

函数。

（1）费用偏差 CV（Cost Variance）。其计算方式为

费用偏差（CV）= 已完工作预算费用（$BCWP$）- 已完工作实际费用（$ACWP$）

当费用偏差为负值时，即表示项目运行超出预算费用；当费用偏差为正值时，表示项目运行节支，实际费用没有超出预算费用。

（2）进度偏差 SV（Schedule Variance）。其计算方式为

进度偏差（SV）= 已完工作预算费用（$BCWP$）- 计划工作预算费用（$BCWS$）

当进度偏差为负值时，表示进度延误，即实际进度落后于计划进度；当进度偏差为正值时，表示进度提前，即实际进度快于计划进度。

（3）费用绩效指数（CPI）。其计算方式为

费用绩效指数（CPI）= 已完工作预算费用（$BCWP$）/已完工作实际费用（$ACWP$）

当费用绩效指数 $CPI<1$ 时，表示超支，即实际费用高于预算费用；当费用绩效指数 $CPI>1$ 时，表示节支，即实际费用低于预算费用。

5.4.3.3　进度绩效指数（SPI）

进度绩效指数（SPI）= 已完工作预算费用（$BCWP$）/计划工作预算费用（$BCWS$）

当进度绩效指数 $SPI<1$ 时，表示进度延误，即实际进度比计划进度拖后；当进度绩效指数 $SPI>1$ 时，表示进度提前，即实际进度比计划进度快。

费用（进度）偏差反映的是绝对偏差，结果很直观，有助于费用管理人员了解项目费用出现偏差的绝对数额，并依此采取一定措施，制订或调整费用支出计划和资金筹措计划。但是绝对偏差有其不容忽视的局限性。

【例5.2】　某项目进行到第26周后，对前25周的工作进行了统计检查，将有关情况列为表5.3。

表5.3　某项目费用情况表

工作代号	计划工作预算费用 $BCWS$/万元	已完成工作量/%	已完工作实际费用 $ACWP$/万元	挣得值 $BCWP$/万元
A	300	100	320	
B	250	100	250	
C	500	100	550	
D	250	100	250	
E	300	100	310	
F	560	50	300	
G	850	100	960	
H	500	80	600	
I	250	0	0	
J	550	0	0	
K	800	40	400	
L	500	0	0	
合计				

问题：

（1）求出前 25 周每项工作的 $BCWP$ 及 25 周末的 $BCWP$。

（2）计算 25 周末的合计 $ACWP$、$BCWS$。

（3）计算 25 周的 CV 与 SV。

（4）计算 25 周的 CPI、SPI 并分析成本和进度状况。

解：（1）挣值法主要运用三个费用值进行分析，分别是已完工作预算费用 $BCWP$、计划工作预算费用 $BCWS$ 和已完工作实际费用 $ACWP$。

$BCWP$ = 已完成工程量 × 预算单价

$BCWS$ = 计划工程量 × 预算单价

1）费用偏差 $CV = BCWP - ACWP$

当 CV 为负值时，表示项目运行超出预算费用；当 CV 为正值时，表示项目运行节支。

2）进度偏差 $SV = BCWP - BCWS$

当 SV 为负值时，表示进度延误；当 SV 为正值时，表示进度提前。

3）费用绩效指数 $CPI = BCWP/ACWP$

当 $CPI < 1$ 时，表示超支；当 $CPI > 1$ 时，表示节支。

4）进度绩效指数 $SPI = BCWP/BCWS$

当 $SPI < 1$ 时，表示进度延误；$SPI > 1$ 时，表示进度提前。检查记录表的计算结果见表 5.4。

表 5.4　检查记录表的计算结果

工作代号	计划工作预算费用 $BCWS$/万元	已完成工作量/%	已完工作实际费用 $ACWP$/万元	挣得值 $BCWP$/万元
A	300	100	320	300
B	250	100	250	250
C	500	100	550	500
D	250	100	250	250
E	300	100	310	300
F	560	50	300	280
G	850	100	960	850
H	500	80	600	400
I	250	0	0	0
J	550	0	0	0
K	800	40	400	320
L	500	0	0	0
合计	5610		3940	3450

（2）25 周末的合计 $ACWP$、$BCWS$ 分别为 3940 万元和 5610 万元。

（3）费用偏差 $CV = BCWP - ACWP = 3450 - 3940 = -490$（万元）$< 0$，说明费用超支。

　　进度偏差 $SV = BCWP - BCWS = 3450 - 5610 = -2160$（万元）$< 0$，说明进度延误。

（4）费用绩效指数 $CPI = BCWP/ACWP = 3450/3940 < 1$，说明费用超支；进度绩效

指数 $SPI = BCWP/BCWS = 3450/5610 < 1$，说明进度延误。

1. 偏差分析的方法

偏差分析可采用不同的方法，常用的有横道图法、表格法和曲线法。

（1）横道图法。用横道图法进行费用偏差分析，是用不同的横道标识已完工作预算费用（BCWP）、计划工作预算费用（BCWS）和已完工作实际费用（ACWP），横道的长度与其金额成正比。

横道图法具有形象、直观、一目了然等优点，它能够准确表达出费用的绝对偏差，而且能让人一眼感受到偏差的严重性。但这种方法反映的信息量少，一般在项目的较高管理层应用。

（2）表格法。表格法是进行偏差分析最常用的一种方法。它将项目编号、名称、各费用参数以及费用偏差数综合归纳入一张表格中，并且直接在表格中进行比较。由于各偏差参数都在表中列出，使得费用管理者能够综合地了解并处理这些数据。

用表格法进行偏差分析具有如下优点：

1）灵活、适用性强。可根据实际需要设计表格，进行增减项。

2）信息量大。可以反映偏差分析所需的资料，从而有利于费用控制人员及时采取针对性措施，加强控制。

3）表格处理可借助于计算机，从而节约大量数据处理所需的人力，并大大提高速度。

（3）曲线法。在项目实施过程中，以上三个参数可以形成三条曲线，即计划工作预算费用（BCWS）、已完工作预算费用（BCWP）、已完工作实际费用（ACWP）曲线。

2. 偏差原因分析与纠偏措施

（1）偏差原因分析。偏差分析的一个重要目的就是要找出引起偏差的原因，从而采取有针对性的措施减少或避免相同问题的再次发生。在进行偏差原因分析时，首先应当将已经导致和可能导致偏差的各种原因逐一列举出来。导致不同工程项目产生费用偏差的原因具有一定的共性，因而可以通过对已建项目的费用偏差原因进行归纳、总结，为该项目采用预防措施提供依据。

（2）纠偏措施。通常要压缩已经超支的费用，而不影响其他目标是十分困难的，一般只有当给出的措施比原计划已选定的措施更为有利时，如使工程范围减少或生产效率提高等，成本才能降低。例如，寻找新的、效率更高的设计方案，重新选择供应商，改变实施过程，变更工程范围，索赔，等等。

5.5 工程费用结算方法

5.5.1 承包工程价款的主要结算方式

（1）按月结算。按月结算即先预付部分工程款，在施工过程中按月结算工程进度款，竣工后清算的方法。

（2）竣工后一次结算。建设项目或单项工程全部建筑安装工程建设期在 12 个月以内，或者工程承包合同价值在 100 万元以下的，可以实行工程价款每月月中预支，竣工后一次结算。

（3）分段结算。当年开工、当年不能竣工的单项工程或单位工程按照工程形象进度，划分不同阶段进行结算。分段结算可以按月预支工程款。

（4）目标结算。目标结算即在工程合同中，将承包工程的内容分解成不同的控制界面，以业主验收控制界面作为支付工程款的前提条件。

（5）结算双方约定的其他结算方式。

5.5.2　工程预付款

1. 含义

工程预付款指发包人按合同约定，在正式开工前预支给承包人的工程款。

双方应当在专用条款内约定预付工程款的时间和数额，开工后按约定的时间和比例逐次扣回。预付时间应不迟于约定的开工日期前 7 天，或者在双方签订合同后一个月内预付。发包人不按约定预付，承包人在约定预付时间 7 天后（计价书是 10 天内）向发包人发出要求预付的通知，发包人收到通知后仍不按要求预付，承包人可在发出通知后 7 天（计价书是 14 天后）停止施工，发包人应从约定应付之日起向承包人支付应付款的利息，并承担违约责任。

2. 工程预付款额度的确定

工程预付款主要是用以保证施工所需材料和构件的正常储备。

（1）考虑因素：施工工期、建安工作量、主要材料和构件比重、材料储备周期等。

（2）确定方法：发包人根据工程特点、工期长短、市场行情、供求规律等因素，一般在合同中约定预付款的百分比。

3. 工程预付款的扣回

（1）发包人和承包人通过洽商以合同的形式予以确定。

（2）从计算的起扣点扣起。起扣点 T（即起扣时累计完成工程价款）的确定：

$$T = P - M/N$$

式中　P——工程价款总额；

　　　M——工程预付款；

　　　N——主材所占比重。

1）工程预付款从未施工工程尚需的主材及构配件价值相当于工程预付款时起扣：

$$起扣点 = 价款总额 - （预付款/主材比重）$$

2）直接约定：当承包人完成金额累计达到合同总价的一定比例时开始起扣：

$$起扣点 = 合同总价 \times 比例$$

5.5.3　工程进度款

1. 工程进度款的计算（涉及工程量的计量和单价的计算）

工程进度款的计算，主要涉及两个方面：一是工程量的计量；二是单价的计算方法。

单价的计算方法主要根据由发包人和承包人事先约定的工程价格的计价方法决定。一般来讲，我国目前的工程价格计价方法可以分为定额单价和综合单价两种方法。两者在选择时，既可采取可调价格的方式，即工程价格在实施期间可随价格变化而调整，也可采取固定价格的方式，即工程价格在实施期间不因价格变化而调整，在工程价格中已考虑价格风险因素并在合同中明确了固定价格所包括的内容和范围。

可调工料单价法将人工、材料、机械再配上预算价作为直接成本单价，其他直接成本、间接成本、利润、税金分别计算；因为价格是可调的，其人工、材料等费用在竣工结算时按工程造价管理机构公布的竣工调价系数或按主材计算差价或主材用抽料法计算，次要材料按系数计算差价而进行调整。

延伸阅读：
工程量的计量

固定综合单价法是包含风险费用在内的全费用单价，故不受时间价值的影响。由于两种计价方法的不同，因此工程进度款的计算方法也不同。

工程进度款的计算，当采用可调工料单价法计算工程进度款时，在确定已完成工程量后，可按以下步骤计算工程进度款：

（1）根据已完成工程量的项目名称、分项编号、单价得出合价。

（2）将本月所完成全部项目合价相加，得出直接工程费小计。

（3）按规定计算措施费、间接费、利润。

（4）按规定计算主材差价或差价系数。

（5）按规定计算税金。

（6）累计本月应收工程进度款。

用固定综合单价法计算工程进度款比用可调工料单价法更方便、省事，工程量得到确认后，只要将工程量与综合单价相乘得出合价，再累加，即可完成本月工程进度款的计算工作。

2. 工程进度款的支付

在确认计量结果后 14 天内，发包人应向承包人支付工程款（进度款）。发包人超过约定的支付时间不支付工程款（进度款），承包人可向发包人发出要求付款的通知，发包人接到通知后仍不能按要求付款，可与承包人协商签订延期付款协议，经承包人同意后可延期支付。延期付款协议应明确延期支付的时间和从计量结果确认后第 15 天起计算应付的贷款利息。发包人不按合同约定支付工程款（进度款），双方又未达成延期付款协议，导致施工无法进行，承包人可停止施工，由发包人承担违约责任。

5.5.4　竣工结算

竣工结算是建设单位与施工单位之间办理工程价款结算的一种方法，是指在工程完工后，根据竣工图纸、会议纪要、设计变更和现场签证等所有与工程造价相关的资料编制的最终工程造价，是项目或各分项竣工验收后甲乙双方对该工程发生的应付、应收款项作最后清理结算。

竣工结算应确保结算范围、内容及计价标准与合同范围相一致；竣工图纸所示的工程量与实际完成相一致，并进行精准计算；完成的工程和服务、供应的物料和设备必须符合合同约定的质量要求并通过验收。

工程竣工结算方式有四种类型，具体如下。

（1）预算结算方式。这种方式是把经过审定确认的施工图预算作为竣工结算的依据，在施工过程中发生的而施工预算中未包括的项目和费用，经建设单位驻现场工程师签证，与原预算一起在工程结算时进行调整。

（2）承包总价结算方式。这种方式的工程承包合同为总价承包合同。工程竣工后，暂扣合同价的 2%~5% 作为维修金，其余工程价款一次结清，包括在施工过程中所发生的材料代用、主要材料价差、工程量的变化等。

（3）平方米造价包干方式。承发包双方根据一定的工程资料，经协商签订每平方米造价指标的合同，结算时按实际完成的建筑面积汇总结算价款。此方法手续较简便，但适用范围具有一定的局限性。

（4）工程量清单结算方式。采用清单招标时，中标人填报的清单分项工程单价是承包合同的组成部分，结算时按实际完成的工程量，以合同中的工程单价为依据计算结算价款。工程的结算方法有以下几种。

1）按实际价格结算法，主要针对"三大材"（钢材、木材、水泥）采取按实价结算的办法。工程承包商可凭发票按实报销。

2）按主材计算价差，发包人列出需要调整价差的主要材料及其基期价格，工程竣工结算时，按竣工当时当地公布的价格，与基期价比较计算材料差价。

3）竣工调价系数法，按工程造价管理机构公布的竣工调价系数及调价计算方法计算差价。

4）调值公式法（又称动态结算公式法），即先在合同中明确规定调值公式。价格调整的计算工作比较复杂，其程序如下：

第一步，确定计算物价指数的品种，只针对那些对工程款影响较大的因素。

第二步，要明确的两个问题，一个问题是在签订合同时要写明物价波动到何种程度才进行调整，一般在 ±10% 左右；另一个问题是考核的地点和时点，地点一般在工程所在地，或指定的某地市场价格；时点指的是某月某日的市场价格。这里要确定两个时点价格：基准日期的市场价格和与付款证书有关的期间最后一天的 49 天前的时点价格。这两个时点就是计算调值的依据。

第三步，确定各成本要素的系数和固定系数，各成本要素的系数要根据各成本要素对总造价的影响程度而定。各成本要素系数之和加上固定系数应该等于 1。

第四步，建筑安装工程费用的价格调值公式。建筑安装工程费用价格调值公式包括固定部分、材料部分和人工部分等。调值公式如下：

$$P = P_0(a_0 + a_1 A/A_0 + a_2 B/B_0 + a_3 C/C_0 + a_4 D/D_0) \qquad (5.3)$$

各部分成本的比重系数一般要求承包方在投标时即提出。

【例 5.3】 某建筑工程项目，业主与承包商签订了施工承包合同。合同工期为 5 个月。合同中估算工程量为 8500m³，单价为 200 元/ m³。有关付款条款如下：

（1）开工前业主应向承包商支付估算合同价款的 15% 作为工程预付款。

（2）业主自第一个月起，从承包商的工程款中，按 5% 的比例扣留保修金。

（3）当累计实际完成工程量超过估算工程量的 10% 时，可以进行调价，调价系数为 0.9。

（4）每月签发付款最低金额为 20 万元。

（5）工程预付款从承包商获得累计工程款超过估算合同价的 40% 以后的下一个月起，至第五个月均匀扣除。

承包商每月实际完成并经签证确认的工程量如表 5.5 所示。

表5.5 承包商每月实际完成并经签证确认的工程量

月份	1	2	3	4	5
完成工程量/m³	2000	2500	1200	2000	1800
累计完成工程量/m³	2000	4500	5700	7700	9500

问题：

（1）估算合同总价为多少？工程预付款为多少？预付款从哪个月开始起扣？每月应该扣预付款为多少？

（2）每月工程量价款为多少？应签证的工程款为多少？应签发的工程款为多少？

（3）该工程在保修期间出现质量问题，业主多次催促，但承包商一再拖延，最后业主另请建筑公司进行修理，修理费用2万元，该项费用如何处理？

（4）本项工程中总共扣留多少保修金？

解：（1）估算合同总价：8500×200＝1700000（元）＝170（万元）

工程预付款：170×15%＝25.5（万元）

根据有关条款，工程预付款从承包商获得累计工程款超过估算合同价的40%以后的下一个月起至第五个月均匀扣除。170×40%＝68（万元）。截至第2个月累计工程款为4500×200＝900000（元）＝90（万元）。所以，工程预付款应从第3个月起扣留。

每月应该扣工程预付款为25.5÷3＝8.5（万元）。

（2）第1个月的工程量款：2000×200＝400000（元）＝40（万元）

应签证的工程款：40×95%＝38（万元）＞20万元

故应签发的工程款为38万元。

第2个月的工程量款：2500×200＝500000（元）＝50（万元）

应签证的工程款：50×95%＝47.5（万元）＞20万元

故应签发的工程款为47.5万元。

第3个月的工程量款：1200×200＝240000（元）＝24（万元）

应签证的工程款：24×95%＝22.8（万元）

应扣除的工程预付款：8.5万元

22.8－8.5＝14.3（万元）＜20万元

故应签发的工程款为0。

第4个月的工程量款：2000×200＝400000（元）＝40（万元）

应签证的工程款：40×95%＝38（万元）

应扣除的工程预付款8.5万元

故应签发的工程款为38－8.5＋14.3＝43.8（万元）。

第5个月累计完成的工程量9500m³，比原估算工程量超出1000m³，已经超出估算工程量的10%（即850m³），所以对超出的部分应调整单价。超出部分的工程量为9500－8500×（1+10%）＝150（m³），此部分工程量单价按要求进行调整。

第5个月的工程量款：150×200×90%＋（1800－150）×200＝357000（元）＝35.7（万元）

应签证的工程款：$35.7×95\%=33.92$（万元）

故应签发的工程款为 33.92 万元。

（3）在保修期间出现的问题应该由承包商负责。业主多次催促承包商修理，承包商一再拖延，最后业主另请建筑公司进行修理，发生的修理费用 2 万元，应该从承包商的保修金中扣除。

（4）保留金：$(9350×200+150×200×90\%)×5\%=94850$（元）。

【例 5.4】　某建筑工程公司承包某工程项目，甲、乙双方签订关于工程价款的合同：

（1）建筑安装工程造价 800 万元，主要材料费占施工产值的比值为 60%。

（2）预付备料款为建筑安装工程造价的 30%。

（3）工程进度款逐月计算。

（4）工程保险金为建筑安装工程造价的 5%，保修期半年。

（5）材料价差调整按规定进行（按规定下半年材料价差上调 10%，在 11 月份一次调增）。

工程各月实际完成产值如表 5.6 所示。

表 5.6　某工程各月实际完成产值

月份	7	8	9	10	11
完成产值/万元	100	200	100	250	150

问题：

（1）工程竣工结算的前提是什么？

（2）该工程的预付款起扣点为多少？

（3）该工程 7 月至 11 月每月拨付工程款为多少？累计工程款为多少？

（4）11 月份办理工程竣工结算，该工程结算总造价为多少？甲方应付工程尾款为多少？

（5）该工程在保修期间发生屋面漏水，甲方多次催促乙方修理，乙方一再拖延，随后甲方另请施工单位修理，修理费用 2 万元，该项费用如何处理。

解：（1）工程竣工结算的前提是竣工验收报告被批准。

（2）预付备料款：$800×30\%=240$（万元）。

预付款起扣点：$800-240/60\%=400$（万元）。

（3）7 月：工程款 100 万元，累计工程款为 100 万元。

8 月：工程款 200 万元，累计工程款为 300 万元。

9 月：工程款为 100 万元，累计工程款为 400 万元。

10 月实际完成产值，250 万元，10 月实际应付工程款：$250-(250+400-400)×60\%=100$（万元）。累计工程款为 500 万元。

（4）工程结算总造价为 $800+800×60\%×10\%=848$（万元）。

甲方应付工程尾款 $848-500-848×5\%-240=65.6$（万元）。

（5）2 万元维修费应从乙方（承包方）的保修金中扣除。

5.6 工程索赔

5.6.1 索赔概念

1. 施工索赔含义

索赔的含义一般包括以下几个方面：

（1）一方违约使另一方蒙受损失，受损方向另一方提出赔偿损失的要求。

（2）发生了应由发包方承担责任的特殊风险事件或遇到了不利的自然条件等情况，使得承包方因蒙受了较大损失而向发包方提出补偿损失的要求。

（3）承包方本应当获得正当利益，但由于没有及时得到监理工程师的确认和发包方应给予的支持，而以正式函件的方式向发包方索要。

2. 索赔的性质

索赔的性质属于经济补偿行为，而不是惩罚。索赔方所受到的损害，与被索赔方的行为并不一定存在法律上的因果关系。导致索赔事件的发生，可以是一方行为造成的，也可能是任何第三方行为所导致。索赔工作是承包、发包双方之间经常发生的管理业务，是双方合作的方式，一般情况下索赔都可以通过协商方式解决。只有发生争议才会导致提出仲裁或诉讼，即使这样，索赔也被看成是遵法守约的正当行为。

3. 反索赔

反索赔是指合同当事人一方向对方提出索赔要求时，被索赔方从自己的利益出发，依据合法理由减少或抵消索赔方的要求，甚至反过来向对方提出索赔要求的行为。

反索赔是发包方和承包方都拥有的权利。在工程实践中，一般把发包方向承包方的索赔要求称作反索赔。发包方在索赔中处于主动地位，可以从工程款中抵扣，也可以从保险金中扣款以补偿损失。

5.6.2 索赔的分类

5.6.2.1 按索赔的目的和要求分类

1. 工期索赔

由于非承包方责任的原因而导致施工进度延误，承包方向发包方提出要求延长工期、推迟竣工日期的索赔称为工期索赔。

工期索赔形式上是对权利的要求，目的是避免在原定的竣工日不能完工时，被发包方追究拖期违约的责任。获准合同工期延长，不仅意味着免除拖期违约赔偿的风险，而且有可能得到提前工期的奖励，最终仍反映在经济效益上。

2. 费用索赔

费用索赔是承包方向发包方提出在施工过程中由于客观条件改变而导致承包方增加开支或损失的索赔，以挽回不应由承包方负担的经济损失。费用索赔的目的是要求经济补偿。

承包方在进行费用索赔时，应当遵循以下两个原则：

（1）所发生的费用应该是承包方履行合同所必需的，如果没有该费用支出，合同将无法继续履行。

（2）给予补偿后，承包方应按约定继续履行合同。

常见的费用索赔项目包括人工费、材料费、机械使用费、低值易耗品、工地管理费等。为便于管理，承包、发包双方和监理工程师应事先将这些费用列出一个清单。

5.6.2.2　按索赔事件的性质分类

1. 工程变更索赔

由于发包方或监理工程师指令增加、减少工程量，或者增加附加工程、变更工程顺序，造成工期延长或费用损失，承包方为此提出的索赔。

2. 工程中断索赔

由于工程施工受到承包方不能控制的因素而不能继续进行，中断一段时间，承包方提出的索赔。

3. 工期延长索赔

承包方因发包方未能按合同提供施工条件，如未及时交付设计图纸、技术资料、场地、道路等造成工期延长而提出的索赔。这是工程中极为常见的一种索赔。

4. 其他原因索赔

如货币贬值、汇率变化、物价和工资上涨、政策法令变化等原因引起的索赔。

5.6.2.3　索赔的处理方式分类

1. 单项索赔

单项索赔指针对某一干扰事件提出的索赔。

索赔的处理是在合同实施过程中，干扰事件发生时或发生后立即进行，由合同管理人员处理，并在合同规定的索赔有效期内向发包方提交索赔报告。单项索赔通常原因单一，责任简单，分析起来比较容易，处理起来比较简单。

2. 综合索赔

综合索赔又称一揽子索赔。一般在工程竣工前，承包方将施工过程中未解决的单项索赔集中起来进行综合考虑，提出一份总索赔报告。合同双方在工程交付前后进行最终谈判，以一揽子方案解决索赔问题。由于在一揽子索赔中，许多干扰事件交织在一起，影响因素比较复杂，责任分析和索赔值的计算困难，使索赔处理和谈判都很困难。

5.6.3　索赔证据和程序

5.6.3.1　索赔证据

1. 证明材料

承包方提供的证据可以包括下列证明材料：

（1）合同文件，包括招标文件、投标书、中标书、合同文本等。

（2）工程量清单、工程预算书和图纸、标准、规范以及其他有关技术资料、技术要求。

（3）施工组织设计和具体的施工进度安排。

（4）合同履行过程中来往函件、各种纪要、协议。

（5）工程照片、气象资料、工程检查验收报告和各种鉴定报告。

（6）施工中送停电、气、水和道路开通、封闭的记录和证明。

（7）官方的物价指数、工资指数、各种财物凭证。

（8）建筑材料、机械设备的采购、订货、运输、进场、使用凭证。

（9）国家的法律、法规、部门的规章等。

（10）其他有关资料。

2. 现场的同期记录

从索赔事件发生之日起，承包方就应当做好现场条件和施工情况的同期记录。记录的内容包括事件发生的时间、对事件的调查记录、对事件的损失进行的调查和计算等。做好现场的同期记录是承包方的义务，也是索赔的证据资料。

5.6.3.2 索赔程序

当出现索赔事件时，承包方可按下列程序以书面形式向发包方索赔。

1. 提出索赔要求

凡发生不属于承包方责任的事件导致竣工日期拖延或成本增加时，承包方应按监理工程师的指示继续精心施工，在索赔事件发生后 28 天内向监理工程师发出索赔意向通知。

2. 报送索赔资料

发出索赔意向通知后 28 天内向监理工程师提出延长工期和（或）补偿经济损失的索赔报告及有关资料。索赔报告应当包括承包方的索赔要求和支持这个索赔要求的有关证据。证据应当详细和全面真实，但不能因收集证据而影响索赔通知书的按时发出，因为通知发出后，施工企业还有补充证据的权利。

3. 监理工程师答复

在接到索赔报告后，监理工程师应抓紧时间对索赔通知（特别是对有关证据材料）进行分析，客观分析事件发生的原因，重温合同条款，研究承包方的索赔证明，并查阅他们的同期记录。依据合同条款划清责任界限，提出处理意见。监理工程师在收到承包人送交的索赔报告和有关资料后，于 28 天内给予答复，或要求承包人进一步补充索赔理由和证据。

4. 监理工程师逾期答复后果

监理工程师在收到承包人送交的索赔报告和有关资料后 28 天内未予答复或未对承包人作进一步要求，视为该项索赔已经认可。

5. 持续索赔

当该索赔事件持续进行时，承包人应当阶段性地向监理工程师发出索赔意向，在索赔事件终了后 28 天内向监理工程师送交索赔的有关资料和最终索赔报告。索赔答复程序与上述第 3 条、第 4 条的规定相同。

承包方接受最终的索赔处理决定，索赔事件的处理即告结束。如果承包方不同意，则会导致合同的争议，就应通过协商、调解、"或裁或诉"方法解决。

发包方对索赔的管理，应当通过加强施工合同管理，严格执行合同，使对方没有提出索赔的理由和根据。在索赔事件发生后，也应积极收集有关证据资料，以便分清责任，剔除不合理的索赔要求。总之，有效的合同管理是保证合同顺利履行、减少或防止索赔事件发生、降低索赔事件损失的重要手段。

5.6.4 索赔费用的组成

按我国现行规定，建安工程合同价包括直接工程费、间接费、计划利润和税金。

从原则上说，承包商有索赔权利的工程成本增加，都是可以索赔费用的。这些费用都是承包商为了完成额外的施工任务而增加的开支。但是，对于不同原因引起的索赔，承包商可索赔的具体费用内容是不完全一样的。哪些内容可索赔，要按照各项费用的特点、条件进行分析论证。

1. 人工费

（1）完成合同之外额外工作的人工费。

（2）非承包商责任降低工效增加的人工费。

（3）超过法定时间加班劳动。

（4）法定人工费增长。

（5）承包商责任工程延期导致的窝工费和工资上涨费。

2. 材料费

（1）由于索赔事项材料实际用量超过计划用量而增加的材料费。

（2）由于客观原因，材料价格大幅上涨。

（3）由于非承包商责任工程延期导致的材料费。

3. 施工机械使用费

（1）完成额外工作增加的费用。

（2）非承包商责任降低工效增加的费用。

（3）业主或工程师的原因导致的窝工费。

4. 分包费用

分包商的索赔应如数列入总承包商的索赔款总额以内。

5. 工地管理费

工地管理费包括承包商完成额外工程、索赔事项工作以及工期延长期间的现场管理费。

6. 利息

利息的索赔通常发生于下列情况：

（1）拖期付款的利息。

（2）由于工程变更和工程延期增加投资的利息。

（3）索赔款的利息。

（4）错误扣款的利息。

7. 总部管理费

索赔款中的总部管理费主要指的是工程延误期间所增加的管理费。这项索赔款的计算目前没有统一的方法。在国际工程施工索赔中，总部管理费的计算有以下几种：

（1）按照投标书中总部管理费的比例（3%~8%）计算：

总部管理费=合同中总部管理费比例×（直接费索赔款额+工地管理费索赔款额等）

（2）按照公司总部统一规定的管理费比例计算：

总部管理费=公司管理费比例×（直接费索赔款额+工地管理费索赔款额等）

（3）以工程延期的总天数为基础，计算总部管理费的索赔额，计算步骤如下：

对某一工程提取的管理费=同期内公司的总管理费×该工程的合同额/同期内公司的总合同额

$$该工程的每日管理费=该工程向总部上缴的管理费/合同实施天数$$
$$索赔的总部管理费=该工程的每日管理费\times工程延期的天数$$

8. 利润

一般来说，由于工程范围的变更、文件有缺陷或技术性错误、业主未能提供现场等引起的索赔，承包商可以列入利润。但对于工程暂停的索赔，由于利润通常是包括在每项实施的工程内容的价格之内的，延误工期未来影响削减某些项目的实施，而导致利润减少。

索赔利润的款额计算通常是与原报价单中的利润百分率保持一致，即在成本的基础上，增加原报价单中的利润率，作为该项索赔款的利润。

5.6.5 索赔费用的计算方法

1. 实际费用法

实际费用法是工程索赔计算时最常用的一种方法，仅限于该项工程施工中额外的人、材、机使用费，即在索赔费的直接工程费的额外费用的基础上，再加上应得的措施费、间接费和利润，即为应得到的索赔费。

这种方法的计算原则是，以承包商为某项索赔工作所支付的实际开支为根据向业主要求费用补偿。用实际费用法计算时，在直接费的额外费用部分的基础上，再加上应得的间接费和利润，就是承包商应得的索赔金额。由于实际费用法所依据的是实际发生的成本记录或单据，所以，在施工过程中，系统而准确地积累记录资料是非常重要的。它根据索赔事件所造成的损失或成本增加，按费用项目逐项进行分析、计算索赔金额的方法。虽然这种方法比较复杂，但能客观地反映施单位的实际损失，比较合理，易于被当事人接受，在国际工程中被广泛采用。它是按每个索赔事件所引起损失的费用项目分别分析计算索赔值的一种方法，通常分三步：

（1）分析每个或每类索赔事件所影响的费用项目，不得有遗漏。这些费用项目通常应与合同报价中的费用项目一致。

（2）计算每个费用项目受索赔事件影响的数值，通过与合同价中的费用价值进行比较即可得到该项费用的索赔值。

（3）将各费用项目的索赔值汇总，得到总费用索赔值。

2. 总费用法

计算出索赔工程的总费用，减去原合同报价，即得索赔金额。

这种计算方法简单但不尽合理，因为实际完成工程的总费用中，可能包括由于施工单位的原因（如管理不善、材料浪费、效率太低等）所增加的费用，而这些费用是属于不该索赔的；此外，原合同价也可能因工程变更或单价合同中的工程量变化等原因而不能代表真正的工程成本。凡此种种原因，使得采用此法往往会引起争议而遇到障碍，故一般不常用。

但是在某些特定条件下，当需要具体计算索赔金额很困难甚至不可能时，也有采用此法的。这种情况下应具体核实已开支的实际费用，取消其不合理部分，以求接近实际情况：

$$索赔金额=该工程实际总费用-投标报价估算总费用$$

这种方法只有在难以采用实际费用法时才加以应用。

3. 修正的总费用法

修正的总费用法是对总费用法的改进。原则上与总费用法相同，计算对某些方面作出相应的修正，修正的内容主要有：一是计算索赔金额的时期仅限于受事件影响的时段，而不是整个工期；二是只计算在该时期内受影响项目的费用；而不是全部工作项目的费用；三是不直接采用原合同报价，而是采用在该时期内如未受事件影响而完成该项目的合理费用。根据上述修正，可比较全面地计算出因索赔事件影响而实际增加的费用。

修正的内容如下：

（1）将计算索赔款的时段局限于受到外界影响的时间，而不是整个施工期。

（2）只计算受影响时段内的某项工作所受影响的损失，而不是计算该时段内所有施工工作所受的损失。

（3）与该项工作无关的费用不列入总费用中。

（4）对投标报价费用重新进行核算：按受影响时段内该项工作的实际单价进行核算，乘以实际完成的该项工作的工程量，得出调整后的报价费用。

按修正后的总费用计算索赔金额的公式如下：

索赔金额＝某项工作调整后的实际总费用–该项工作的报价费用

修正的总费用法与总费用法相比，有了实质性的改进，它的准确程度已接近于实际费用法。

本 章 小 结

通过本章学习，使学生了解成本管理计划的基本概念、作用；熟悉成本管理的内容和措施，以及成本管理的编制方法；熟悉成本的控制方法；掌握工程费用结算方法和工程索赔；能够解决在工程实际中与工程成本管理的相关问题。

思 考 题

5.1 什么是项目成本管理计划？项目经理部在成本管理中的作用是什么？

5.2 什么是项目成本？什么是施工成本？

5.3 简述施工成本计划的编制方法。

5.4 简述施工成本管理的任务和措施。

5.5 简述施工成本控制的方法。

实训练习题

【实训 5.1】 某建设单位和施工单位签订了施工合同，合同中约定：建筑材料由建设单位提供；由于非施工单位原因造成的停工，人工补偿费为 100 元/日工，机械补偿费为 350 元/台班；总工期为 150 天；竣工时间提前奖励为 5000 元/天，误期损失赔偿费为 5000 元/天。经项目监理机构批准的施工进度计划如图 5.1 所示（单位：天）。

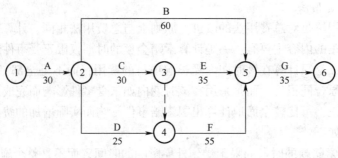

图 5.1　施工进度计划

施工过程中发生如下事件：

事件 1：建设单位提供的建筑材料经施工单位清点入库后，在专业监理工程师的见证下进行了检验，检验结果合格。其后，施工单位提出，建设单位应支付建筑材料的保管费和检验费；由于建筑材料需要进行二次搬运，建设单位还应支付该批材料的二次搬运费。

事件 2：①由于建设单位要求对 C 工作的施工图纸进行修改，致使 C 工作停工 8 天（每停一天影响 20 工日，5 台班）；②由于机械租赁单位调度的问题，施工机械未能按时进场，使 D 工作的施工暂停 5 天（每停一天影响 30 工日，10 台班）；③由于建设单位负责供应的材料未能按计划到场，E 工作停工 10 天（每停一天影响 20 工日，10 台班）。施工单位就上述三种情况按正常的程序向项目监理机构提出了延长工期和补偿停工损失的要求。

事件 3：在工程竣工验收时，为了鉴定某个关键构件的质量，总监理工程师建议采用试验方法进行检验，施工单位要求建设单位承担该项试验的费用。

该工程的实际工期为 150 天。

问题：

（1）逐项回答事件 1 中施工单位的要求是否合理，说明理由。

（2）逐项说明事件 2 中项目监理机构是否应批准施工单位提出的索赔，说明理由并给出审批结果（写出计算过程）。

（3）事件 3 中的试验检验费用应由谁承担？

（4）分析施工单位应该获得工期提前奖励，还是应该支付误期损失赔偿费。金额是多少？

【实训 5.2】 某施工单位与建设单位签订工程施工合同，合同工期为 20 个月，合同签订以后，施工单位编制了一份初始网络计划，如图 5.2 所示。

问题：

（1）该网络计划能否满足合同要求？

（2）由于该工程施工工艺的要求，计划中工作 G、工作 H 和工作 J 需共用一台起重施工机械，为此需要对初始网络计划进行调整。请绘出调整后的网络进度计划图（在原图上作答即可）。

（3）该计划执行 5 个月后，施工单位接到建设单位的设计变更，要求增加一项新工

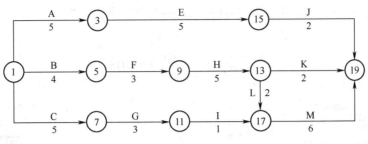

图 5.2 初始网络计划

作 D，安排在 A 完成之后开始，在 E 开始之前完成。因而造成个别施工机械的闲置和某些工种的窝工，为此施工单位向建设单位提出如下索赔：①施工机械停滞费；②机上操作人员人工费；③某些工种的人工窝工费。请分别说明以上补偿要求是否合理？为什么？

（4）工作 L 完成以后，由于建设单位变更施工图纸，使工作 M 停工待图 1 个月，如果建设单位要求按合同工期完工，施工单位可向建设单位索赔赶工费多少？（已知工作 L 赶工费率 5 万元/月）为什么？

知识链接：建设工程施工合同（GF—2017—0201）节选

第二部分 通用合同条款

16. 违约

16.1 发包人违约

延伸阅读：施工合同
（GF—2017—0201）

16.1.1 发包人违约的情形

在合同履行过程中发生的下列情形，属于发包人违约：

（1）因发包人原因未能在计划开工日期前 7 天内下达开工通知的；

（2）因发包人原因未能按合同约定支付合同价款的；

（3）发包人违反第 10.1 款〔变更的范围〕第（2）项约定，自行实施被取消的工作或转由他人实施的；

（4）发包人提供的材料、工程设备的规格、数量或质量不符合合同约定，或因发包人原因导致交货日期延误或交货地点变更等情况的；

（5）因发包人违反合同约定造成暂停施工的；

（6）发包人无正当理由没有在约定期限内发出复工指示，导致承包人无法复工的；

（7）发包人明确表示或者以其行为表明不履行合同主要义务的；

（8）发包人未能按照合同约定履行其他义务的。

发包人发生除本项第（7）目以外的违约情况时，承包人可向发包人发出通知，要求发包人采取有效措施纠正违约行为。发包人收到承包人通知后 28 天内仍不纠正违约行为的，承包人有权暂停相应部位工程施工，并通知监理人。

16.1.2 发包人违约的责任

发包人应承担因其违约给承包人增加的费用和（或）延误的工期，并支付承包人合理的利润。此外，合同当事人可在专用合同条款中另行约定发包人违约责任的承担方式和计算方法。

16.1.3 因发包人违约解除合同

除专用合同条款另有约定外，承包人按第 16.1.1 项〔发包人违约的情形〕约定暂停施工满 28 天后，发包人仍不纠正其违约行为并致使合同目的不能实现的，或出现第 16.1.1 项〔发包人违约的情形〕第（7）目约定的违约情况，承包人有权解除合同，发包人应承担由此增加的费用，并支付承包人合理的利润。

16.1.4 因发包人违约解除合同后的付款

承包人按照本款约定解除合同的，发包人应在解除合同后 28 天内支付下列款项，并解除履约担保：

（1）合同解除前所完成工作的价款；

（2）承包人为工程施工订购并已付款的材料、工程设备和其他物品的价款；

（3）承包人撤离施工现场以及遣散承包人人员的款项；

（4）按照合同约定在合同解除前应支付的违约金；

（5）按照合同约定应当支付给承包人的其他款项；

（6）按照合同约定应退还的质量保证金；

（7）因解除合同给承包人造成的损失。

合同当事人未能就解除合同后的结清达成一致的，按照第 20 条〔争议解决〕的约定处理。

承包人应妥善做好已完工程和与工程有关的已购材料、工程设备的保护和移交工作，并将施工设备和人员撤出施工现场，发包人应为承包人撤出提供必要条件。

16.2　承包人违约

16.2.1　承包人违约的情形

在合同履行过程中发生的下列情形，属于承包人违约：

（1）承包人违反合同约定进行转包或违法分包的；

（2）承包人违反合同约定采购和使用不合格的材料和工程设备的；

（3）因承包人原因导致工程质量不符合合同要求的；

（4）承包人违反第 8.9 款〔材料与设备专用要求〕的约定，未经批准，私自将已按照合同约定进入施工现场的材料或设备撤离施工现场的；

（5）承包人未能按施工进度计划及时完成合同约定的工作，造成工期延误的；

（6）承包人在缺陷责任期及保修期内，未能在合理期限对工程缺陷进行修复，或拒绝按发包人要求进行修复的；

（7）承包人明确表示或者以其行为表明不履行合同主要义务的；

（8）承包人未能按照合同约定履行其他义务的。

承包人发生除本项第（7）目约定以外的其他违约情况时，监理人可向承包人发出整改通知，要求其在指定的期限内改正。

16.2.2　承包人违约的责任

承包人应承担因其违约行为而增加的费用和（或）延误的工期。此外，合同当事人可在专用合同条款中另行约定承包人违约责任的承担方式和计算方法。

16.2.3　因承包人违约解除合同

除专用合同条款另有约定外，出现第 16.2.1 项〔承包人违约的情形〕第（7）目约定的违约情况时，或监理人发出整改通知后，承包人在指定的合理期限内仍不纠正违约行为并致使合同目的不能实现的，发包人有权解除合同。合同解除后，因继续完成工程的需要，发包人有权使用承包人在施工现场的材料、设备、临时工程、承包人文件和由承包人或以其名义编制的其他文件，合同当事人应在专用合同条款约定相应费用的承担方式。发包人继续使用的行为不免除或减轻承包人应承担的违约责任。

16.2.4　因承包人违约解除合同后的处理

因承包人原因导致合同解除的，则合同当事人应在合同解除后 28 天内完成估价、付款和清算，并按以下约定执行：

（1）合同解除后，按第 4.4 款〔商定或确定〕商定或确定承包人实际完成工作对应的合同价款，以及承包人已提供的材料、工程设备、施工设备和临时工程等的价值；

（2）合同解除后，承包人应支付的违约金；

（3）合同解除后，因解除合同给发包人造成的损失；

（4）合同解除后，承包人应按照发包人要求和监理人的指示完成现场的清理和撤离；

（5）发包人和承包人应在合同解除后进行清算，出具最终结清付款证书，结清全部款项。

因承包人违约解除合同的，发包人有权暂停对承包人的付款，查清各项付款和已扣款项。发包人和承包人未能就合同解除后的清算和款项支付达成一致的，按照第 20 条〔争议解决〕的约定处理。

16.2.5 采购合同权益转让

因承包人违约解除合同的，发包人有权要求承包人将其为实施合同而签订的材料和设备的采购合同的权益转让给发包人，承包人应在收到解除合同通知后 14 天内，协助发包人与采购合同的供应商达成相关的转让协议。

16.3 第三人造成的违约

在履行合同过程中，一方当事人因第三人的原因造成违约的，应当向对方当事人承担违约责任。一方当事人和第三人之间的纠纷，依照法律规定或者按照约定解决。

17. 不可抗力

17.1 不可抗力的确认

不可抗力是指合同当事人在签订合同时不可预见，在合同履行过程中不可避免且不能克服的自然灾害和社会性突发事件，如地震、海啸、瘟疫、骚乱、戒严、暴动、战争和专用合同条款中约定的其他情形。

不可抗力发生后，发包人和承包人应收集证明不可抗力发生及不可抗力造成损失的证据，并及时认真统计所造成的损失。合同当事人对是否属于不可抗力或其损失的意见不一致的，由监理人按第 4.4 款〔商定或确定〕的约定处理。发生争议时，按第 20 条〔争议解决〕的约定处理。

17.2 不可抗力的通知

合同一方当事人遇到不可抗力事件，使其履行合同义务受到阻碍时，应立即通知合同另一方当事人和监理人，书面说明不可抗力和受阻碍的详细情况，并提供必要的证明。

不可抗力持续发生的，合同一方当事人应及时向合同另一方当事人和监理人提交中间报告，说明不可抗力和履行合同受阻的情况，并于不可抗力事件结束后 28 天内提交最终报告及有关资料。

17.3 不可抗力后果的承担

17.3.1 不可抗力引起的后果及造成的损失由合同当事人按照法律规定及合同约定各自承担。不可抗力发生前已完成的工程应当按照合同约定进行计量支付。

17.3.2 不可抗力导致的人员伤亡、财产损失、费用增加和（或）工期延误等后果，由合同当事人按以下原则承担：

（1）永久工程、已运至施工现场的材料和工程设备的损坏，以及因工程损坏造成的第三人人员伤亡和财产损失由发包人承担；

（2）承包人施工设备的损坏由承包人承担；

（3）发包人和承包人承担各自人员伤亡和财产的损失；

（4）因不可抗力影响承包人履行合同约定的义务，已经引起或将引起工期延误的，应当顺延工期，由此导致承包人停工的费用损失由发包人和承包人合理分担，停工期间必须支付的工人工资由发包人承担；

（5）因不可抗力引起或将引起工期延误，发包人要求赶工的，由此增加的赶工费用由发包人承担；

（6）承包人在停工期间按照发包人要求照管、清理和修复工程的费用由发包人承担。

不可抗力发生后，合同当事人均应采取措施尽量避免和减少损失的扩大，任何一方当事人没有采取有效措施导致损失扩大的，应对扩大的损失承担责任。

因合同一方迟延履行合同义务，在迟延履行期间遭遇不可抗力的，不免除其违约责任。

17.4　因不可抗力解除合同

因不可抗力导致合同无法履行连续超过 84 天或累计超过 140 天的，发包人和承包人均有权解除合同。合同解除后，由双方当事人按照第 4.4 款〔商定或确定〕商定或确定发包人应支付的款项，该款项包括：

（1）合同解除前承包人已完成工作的价款；

（2）承包人为工程订购的并已交付给承包人，或承包人有责任接受交付的材料、工程设备和其他物品的价款；

（3）发包人要求承包人退货或解除订货合同而产生的费用，或因不能退货或解除合同而产生的损失；

（4）承包人撤离施工现场以及遣散承包人人员的费用；

（5）按照合同约定在合同解除前应支付给承包人的其他款项；

（6）扣减承包人按照合同约定应向发包人支付的款项；

（7）双方商定或确定的其他款项。

除专用合同条款另有约定外，合同解除后，发包人应在商定或确定上述款项后 28 天内完成上述款项的支付。

……

19. 索赔

19.1　承包人的索赔

根据合同约定，承包人认为有权得到追加付款和（或）延长工期的，应按以下程序向发包人提出索赔：

（1）承包人应在知道或应当知道索赔事件发生后 28 天内，向监理人递交索赔意向通知书，并说明发生索赔事件的事由；承包人未在前述 28 天内发出索赔意向通知书的，丧失要求追加付款和（或）延长工期的权利；

（2）承包人应在发出索赔意向通知书后 28 天内，向监理人正式递交索赔报告；索赔报告应详细说明索赔理由以及要求追加的付款金额和（或）延长的工期，并附必要的记录和证明材料；

（3）索赔事件具有持续影响的，承包人应按合理时间间隔继续递交延续索赔通知，说明持续影响的实际情况和记录，列出累计的追加付款金额和（或）工期延长天数；

（4）在索赔事件影响结束后28天内，承包人应向监理人递交最终索赔报告，说明最终要求索赔的追加付款金额和（或）延长的工期，并附必要的记录和证明材料。

19.2 对承包人索赔的处理

对承包人索赔的处理如下：

（1）监理人应在收到索赔报告后14天内完成审查并报送发包人。监理人对索赔报告存在异议的，有权要求承包人提交全部原始记录副本；

（2）发包人应在监理人收到索赔报告或有关索赔的进一步证明材料后的28天内，由监理人向承包人出具经发包人签认的索赔处理结果。发包人逾期答复的，则视为认可承包人的索赔要求；

（3）承包人接受索赔处理结果的，索赔款项在当期进度款中进行支付；承包人不接受索赔处理结果的，按照第20条〔争议解决〕约定处理。

19.3 发包人的索赔

根据合同约定，发包人认为有权得到赔付金额和（或）延长缺陷责任期的，监理人应向承包人发出通知并附有详细的证明。

发包人应在知道或应当知道索赔事件发生后28天内通过监理人向承包人提出索赔意向通知书，发包人未在前述28天内发出索赔意向通知书的，丧失要求赔付金额和（或）延长缺陷责任期的权利。发包人应在发出索赔意向通知书后28天内，通过监理人向承包人正式递交索赔报告。

19.4 对发包人索赔的处理

对发包人索赔的处理如下：

（1）承包人收到发包人提交的索赔报告后，应及时审查索赔报告的内容、查验发包人证明材料；

（2）承包人应在收到索赔报告或有关索赔的进一步证明材料后28天内，将索赔处理结果答复发包人。如果承包人未在上述期限内作出答复的，则视为对发包人索赔要求的认可；

（3）承包人接受索赔处理结果的，发包人可从应支付给承包人的合同价款中扣除赔付的金额或延长缺陷责任期；发包人不接受索赔处理结果的，按第20条〔争议解决〕约定处理。

19.5 提出索赔的期限

（1）承包人按第14.2款〔竣工结算审核〕约定接收竣工付款证书后，应被视为已无权再提出在工程接收证书颁发前所发生的任何索赔。

（2）承包人按第14.4款〔最终结清〕提交的最终结清申请单中，限于提出工程接收证书颁发后发生的索赔。提出索赔的期限自接受最终结清证书时终止。

第6章 职业健康、安全与环境管理

◇教学目标
- 建立职业健康、安全与环境管理的基本概念。
- 了解工程项目安全的特点。
- 熟悉施工项目安全生产管理及文明施工管理的主要内容。
- 掌握施工现场影响环保的污染源及应对方法。
- 掌握安全管理措施和一般应急预案的编制。

6.1 概　述

近年来，建筑施工安全与环境管理体系和职业健康安全管理体系，随同质量管理体系一起，成为国内外新兴的一种现代化生产管理方式。这种以系统化理论和方法为基础建立起来的体系，在多个领域的实施中均取得了巨大的成功，很快形成了一种时尚、有效的发展趋势，被称为后工业时代的管理模式。这两种体系的作用是巨大的，意义是深远的。职业健康安全管理体系，预防和减少了生产安全事故和劳动疾病，体现了"以人为本"的人性化管理理念；环境管理体系，立意于人类生存和发展的高度，以国民经济的持续发展和市场经济的需求为根本。为了顺应这种发展趋势，建筑安装工程项目从策划阶段开始，不仅进一步加强了安全管理范畴，还全面地引入了环境保护和职业健康这一理念，在项目实施过程中，逐步渗透到管理的各个环节。

6.1.1　对人员的重视

建筑施工现场是一个环境复杂、存在较多危险的场所，因此，改善现场人员的作业环境、生活环境，关注职工的健康状况，成为当前建筑施工企业的一项重要工作。依照国家于2020年3月6日发布和实施的《职业健康安全管理体系　要求及使用指南》（GB/T 45001—2020），新的标准同时有针对性地对工人作业环境、生活环境和职工身心健康都作了相关的、具体的规定和要求；对员工能力的培训、职业健康安全与环境保护的意识教育，都作了详细规定，充分体现了"以人为本"的管理模式。

延伸阅读：《职业健康安全管理体系　要求及使用指南》（GB/T 45001—2020）

6.1.2　对环境的重视

项目在策划阶段，要评估项目实施对环境造成的影响，并切实采取相关措施，避免和减少这一影响；项目在实施阶段，通过多种措施控制和降低作业环境和生活环境对施工现场人员及周边居民的影响，以达到文明施工和安全施工的生产目标。

6.1.3 对安全管理的重视

在编制施工组织设计和施工方案时，对每个施工过程的危险源加以认真分析、辨别和评价，制定有效的预防措施，完善"安全第一、预防为主、综合治理"的安全管理方针。

6.1.4 对效果的重视

只有重视效果，不断改进工作，体系的运行才能良性循环。要做到这一点，体系在实施运行中，应有专业人员跟踪、检查，针对不足之处，及时采取措施进行调整；方案实施完成后，要及时评估和审查，以利总结经验。

6.2 安 全 管 理

建筑安装工程的安全管理是指在建筑安装施工生产活动中，保护生产者安全的系统性的管理工作。它具有一般建筑工程施工所具有的安全风险，如高处坠落、物体打击、坍塌、机械伤害、触电、火灾等，还具有大量测试潜在的安全风险。

工程安全在世界各国都是一个受到普遍关注的重要问题。广义的工程安全包含两个方面的含义：一方面是指工程建筑物本身的安全，即质量是否达到了合同要求、能否在设计规定的年限内安全使用，设计质量和施工质量直接影响到工程本身的安全，二者缺一不可；另一方面则是指在工程施工过程中人员的安全，特别是合同有关各方在现场工作人员的生命安全。《建设工程安全生产管理条例》中的"安全生产"以及本书提到的"安全管理"均指后者。

6.2.1 工程项目安全的特点

安全既包括人身安全，也包括财产安全。项目安全就是要求我们采取措施使项目在施工中没危险，不出事故。安全法规、安全技术和环境卫生是项目安全的三大主要措施。这三大措施与控制对象和控制内容的关系是：安全法规侧重于对劳动者的管理，约束劳动者的不安全行为，其主要内容是安全生产责任制、安全教育、事故的调查与处理；安全技术侧重于劳动对象和劳动手段的管理，消除、减少物品不安全状态，其主要内容是安全检查和安全技术管理；环境卫生侧重于环境的管理。人、物和环境这些控制对象构成了安全体系，安全要管人、管物、管环境。所以，项目安全的特点是：

（1）施工项目安全的难点多。由于施工项目复杂、环境变化大，造成施工高处作业多、地下作业多、大型机械使用多、用电多、易燃易爆化工用品多，因而使事故引发点多，控制难度大。

（2）安全的劳动保护责任重。建筑工程施工是劳动密集型，手工作业多、人员数量多、交叉作业多，使施工潜在作业危险多。因此，要通过安全劳动保护创造施工安全条件，如"三宝"，即安全帽、安全带、安全网。

（3）施工项目安全是企业安全的组成部分，企业安全通过安全组织系统、安全法规系统和安全技术系统来保证施工项目安全的实现。

（4）施工现场是事故易发处，是安全控制的重点，如"四口"，即楼梯口、电梯井口、预留洞口、通道口；"五临边"，即阳台周边、楼层周边、屋面周边、跑道和斜道侧边及卸料平台侧边。

6.2.2　确定项目安全管理目标

2006 年，第十六届五中全会提出安全生产"12 字方针"，即"安全第一、预防为主、综合治理"。2012 年 4 月 1 日起实施的《施工企业安全生产管理规范》（GB 50656—2011），更好地反映了安全生产工作的规律和特点，使我国安全生产得到进一步的发展和完善。

1. 工程项目安全生产管理目标

安全生产管理目标是指项目经理部根据企业的整体目标，在分析内部条件和外部环境的基础上，确定安全生产所要达到的奋斗目标。工程项目安全生产管理目标应依据本企业安全生产管理总目标制定。

安全生产管理目标应包括安全生产事故控制指标、安全生产隐患治理目标，以及安全生产、文明施工管理目标等，安全管理目标应予以量化。安全管理目标应分解到管理层及相关职能部门，并定期进行考核。

2. 工程项目安全生产管理目标的内容

（1）安全生产管理目标可概括为两个方面的内容：为了减少和消除生产过程中的多种事故，保证人员健康、安全和财产免受损失。首先从事故控制方面要求杜绝死亡、火灾、管线、设备等重大事故的发生，即死亡、火灾、管线、设备事故发生率为零；其次，在创优达标方面要求达到《建筑施工安全检查标准》（JGJ 59—2011）合格标准的同时，达到当地市区建设工程安全标准化管理的标准，即市、区、县安全标准化管理工地及文明工地或市级安全标准化管理工地、市文明工地等。

延伸阅读：《施工企业安全生产管理规范》（GB 50656—2011）

《建筑施工安全检查标准》（JGJ 59—2011）

（2）安全生产管理目标主要包括以下几点：

1）伤亡事故控制目标：杜绝死亡、避免重伤，一般事故应有控制指标。

2）安全达标目标：根据项目工程的实际特点，按部位制定安全达标的具体目标值。

3）文明施工实现目标：根据项目工程施工现场环境及作业条件的要求，制定实现文明工地的目标。

（3）安全生产管理目标主要体现在"六杜绝""三消灭""二控制""一创建"。

"六杜绝"：杜绝重伤及死亡事故、杜绝坍塌伤害事故、杜绝高处坠落事故、杜绝物体打击事故、杜绝机械伤害事故、杜绝触电事故。

"三消灭"：消灭违章指挥、消灭违章操作、消灭"惯性事故"。

"二控制"：控制年负伤率、控制年安全事故率。

"一创建"：创建安全文明工地。

6.2.3　项目安全管理组织机构和安全保证体系

国务院 2010 年颁发的《国务院关于进一步加强企业安全生产工作的通知》指出，深入贯彻落实科学发展观，坚持以人为本，牢固树立安全发展的理念，切实转变经济发展方式，调整产业结构，提高经济发展的质量和效益，把经济发展建立在安全生产有可靠保障的基础上；坚持"安全第一、预防为主、综合治理"的方针，全面加强企业安全管理，健全规章制度，完善安全标准，提高企业技术水平，夯实安全生产基础；坚持依法依规生产经营，切实加强安全监管，强化企业安全生产主体责任落实和责任追究，促进我国安全生产形势实现根本好转。

1. 上级部门对施工企业的管控

进一步规范企业生产经营行为。企业要健全完善严格的安全生产规章制度，坚持不安全不生产。加强对生产现场监督检查，严格查处违章指挥、违规作业、违反劳动纪律的"三违"行为。凡超能力、超强度、超定员组织生产的，要责令停产停工整顿，并对企业和企业主要负责人依法给予规定上限的经济处罚。同时，进一步加大安全监管力度。强化安全生产监管部门对安全生产的综合监管，全面落实安全生产监督管理，形成安全生产综合监管与行业监管指导相结合的工作机制，加强协作，形成合力。下面以广西实施"桂建通"广西建筑农民工实名制管理公共服务平台和"一金三制度"为例进行说明。

"桂建通"广西建筑农民工实名制管理公共服务平台是广西住房和城乡建设厅为应对拖欠农民工工资行为，保护农民工合法权益，规范企业劳务行为，维护建筑市场秩序开发的全区性劳务实名制系统。通过要求施工企业将每名农民工实名制信息录入平台，使用与平台联网的考勤设备，并为农民工办理全区通用的"桂建通"工资卡，由银行通过平台直接向农民工代发工资，实现全区农民工工资发放实时监管，能够从源头遏制拖欠农民工工资行为，保障工人工资得到按时足额发放。平台于 2018 年 11 月 1 日起实施，要求各参建企业全面排查、严格督导，确保在建项目用工实名制管理全覆盖。

（1）各工地均要严格使用广西建筑农民工实名制管理公共服务平台（"桂建通"平台）建立本项目用工实名制台账，进场人员每日登记，建立一人一档健康档案，"桂建通"从业人员数据已经推送融入公安部门的联防联控数据库，从中可以自动比对发现列入管控的重点人群。

（2）确保在建项目人员劳动合同签订率 100%；从业人员上岗前个人身份信息采集入库率 100%；施工现场从业人员劳动考勤、工资结算等信息记录率 100%；用工实名制管理信息实时上传率 100%。

（3）项目部贯彻落实"一金三制度"。根据《国务院办公厅关于全面治理拖欠农民工工资问题的意见》（国办发〔2016〕1 号）、《国务院办公厅关于印发保障农民工工资支付工作考核办法的通知》（国办发〔2017〕96 号）和《广西壮族自治区人民政府办公厅关于全面治理拖欠农民工工资问题的实施意见》（桂政办发〔2016〕113 号）等文件精神，切实维护农民工合法权益，实现项目农民工工资无拖欠。从 2019 年 5 月 1 日广西开始实行"一金三制度"，要求企业和项目落实"一金三制度"，即农民工工资支付保证金，农民工实名制、农民工工资专用账户制、农民工工资银行代发制。

1）组织办理"桂建通"银行卡。为保障农民工工资顺利发放，项目部提前到工人生活区张贴宣传广告并主动组织银行工作人员到项目部为农民工办理"桂建通"银行卡，让农民工有序办卡、安心工作。

2）"一金三制度"落实措施。根据文件要求，项目部结合现场情况，采取封闭式管理，凡到本项目工作的务工人员均需进行人脸信息采集；项目部在施工现场出入口安装有人脸识别系统，并连接实名制管理服务平台，强制对工人进行工作考勤，根据考勤情况发放工资。

3）实施过程监督检查及效果。公司、分公司相关领导定期到项目部对关于"一金三制度"的落实情况进行检查指导。经过上级领导和项目部的共同努力，"一金三制度"相关工作得以顺利推进，有效地避免了农民工工资拖欠问题。

4）资料完善、信息公示公开。项目部对"一金三制度"相关情况进行公示，在施工现场主干道设置维权信息栏及农民工工资发放公布栏。

2. 企业内部管理保证体系

（1）公司的安全组织机构如图 6.1 所示。

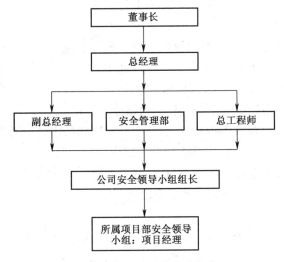

图 6.1　公司的安全组织机构

（2）项目安全管理组织机构如图 6.2 所示。

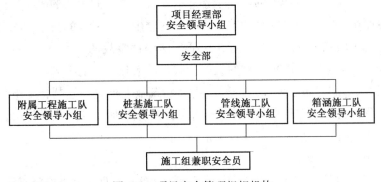

图 6.2　项目安全管理组织机构

3. 安全保证体系

《中华人民共和国建筑法》第 54 条规定，建筑施工企业必须依法加强对建筑安全生产的管理，执行安全生产责任制度，采取有效措施，防止伤亡和其他安全生产事故的发生。"建筑施工企业的法定代表人对本企业的安全生产负责"（第44条），"施工现场安全由建筑施工企业负责。"

《中华人民共和国安全生产法》第5条明确规定："生产经营单位的主要负责人对本单位的安全生产工作全面负责。"

延伸阅读：《中华人民共和国建筑法》

《中华人民共和国安全生产法》

（1）公司经理负第一责任，主管生产的公司副经理负领导责任，安全员对安全生产及施工负督促检查责任。建立安全保证体系，强化安全监督机制的落实。

（2）公司与项目经理部、项目经理部与各工种班组签订经济承包合同必须有安全承包条款，安全承包条款必须与奖金、工资含量挂钩。

（3）项目经理部要认真执行劳动保护方针、政策、法规、法令、规章制度及企业的决策等，对新进场工人进行安全教育，对特殊工种作业人员按规定选送去培训；坚持有证操作的规定，有权拒绝上级不符合安全的指令和意见；发生事故后应立即采取措施，及时向企业领导、主管部门报告，并进行伤亡事故调查取证，坚持"四不放过"原则，拟定整改措施，督促贯彻执行。

（4）项目经理部要参加单位工程施工方案的编制，制定单位工程技术安全措施，组织各班组做好安全检查工作，及时整改安全隐患，写好安全日记，负责当月的安全伤亡事故分析，并上报给分公司。

（5）安全事故责任者，除必须受到经济处罚外，视责任轻重还要对其处以警告、严重警告、记大过、开除留用、撤除等行政处分，情节特别严重的送司法机关处理。

安全保证体系如图6.3所示。

6.2.4 制定安全管理措施

为防止人的不安全行为和物的不安全状态引发安全事故而采取的改善生产工艺、改进生产设备、控制生产因素的不安全状态，为实现安全生产而采取的技术方法与措施。安全技术侧重对劳动手段和劳动对象的管理，包括预防伤亡事故的工程技术和安全技术规范、技术规定、标准、条例等，以规范物的状态，减轻或消除对人的危害。

《中华人民共和国建筑法》第38条规定，"建筑施工企业在编制施工组织设计时，应当根据建筑工程的特点制定相应的安全技术措施"，对专业性较强的工程项目，应当编制专项安全施工组织设计，并采取安全技术措施。

1. 基本要求

（1）必须具有合法的"安全生产许可证"和"施工企业安全资格审查认可证"。

（2）各类作业人员必须具备相应的执业资格才能上岗，特殊工种严格按规定日期复查。

（3）新员工必须经过施工企业、项目部和班组"三级安全教育"。

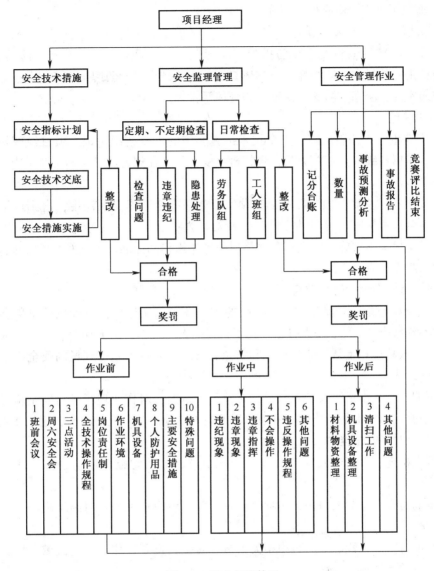

图 6.3 安全保证体系

（4）对查出的安全隐患要做到"五定"，即定整改责任人、定整改措施、定整改完成时间、定整改完成人、定整改验收人。

（5）必须把好安全生产"五关"，即措施关、教育关、防护关、检查关和改进关。

（6）施工现场安全设施齐全，符合国家及地方有关规定。

（7）施工机械必须经过严格安全检查和试运转，合格后方可使用。

2. 具体目标

（1）对结构复杂、施工难度大、专业性较强的项目，要制定专门的安全技术措施。

（2）对高空作业、井下作业、电器、电（气）焊、压力容器等特殊工种作业，应制定专项安全技术规程。

（3）施工用电安全应有保障措施。

（4）机械安全应有保障措施。

（5）安全防护设施和安全预防措施，应涵盖以下方面：防火、防毒、防爆、防洪、防尘、防雷击、防触电、防坍塌、防物体打击、防机械伤害、防起重设备滑落、防高空坠落、防交通事故、防寒、防暑、防疫、防环境污染等。

3. 实施保障

（1）安全生产责任制是施工安全技术措施实施的重要组织保证。项目经理是第一安全责任人；所属各级安全相关人员，包括班组安全员，在规定的各自职责范围内，承担相应的责任。

（2）安全技术交底。项目经理部必须实行逐级安全技术交底制度，直到班组全体作业人员。安全技术交底内容具体、准确、针对性强；对施工作业难度大和危险性较大项目，要详尽交代预防措施、安全事项、相应的操作规程和标准。可能发生事故时，应采取即时有效的避难和应急措施。

6.2.5 重视安全检查与教育

（1）安全检查是安全保障和杜绝事故的重要环节。通过项目每天执行早班会制度和建立"四不伤害卡"（我不伤害自己、我不伤害别人、我不被别人伤害、监督别人不伤害他人），使工人从思想上认识安全施工和安全教育的重要性。施工现场的安全检查主要有以下几种形式：

1）班前检查。由班组长和安全员，在每天上班前，对作业现场进行安全检查，这种检查，既是例行的，也是必要的。不但可以及时发现隐患和事故的苗头，还能让施工第一线班组人员时时将安全挂在心上。

2）日常检查。由安全值日人员或专职安全员，每天对施工现场巡视，进行例行的检查。

3）定期检查。每周或每旬，由项目经理牵头，组织相关人员对施工现场，进行定期安全大检查。

4）专项检查。由职能部门组织相关人员、对工程重要部位、起重机械、特殊工种和季节更换，进行专题安全检查。

（2）安全检查的主要内容。根据检查的形式，有针对性地确定相应的安全检查内容，一般有查思想、查制度、查措施落实，查事故隐患及事故苗头，查关键地点和部位，查违章作业，查事故处理，等等。

（3）检查的主要方法。检查通过有关会议、座谈、施工现场巡查和各种检测手段，相辅进行，切忌重形式、走过场。

（4）安全教育。

1）广泛、深入地开展安全生产宣传教育，使全体人员真正认识到安全生产的重要性和必要性，牢固树立"安全第一"的思想，自觉遵守各项安全规章制度。

2）建立经常性的安全教育考核制度，认真抓好公司、项目经理部和施工班组三个层次的安全教育，让广大员工熟悉和掌握安全生产知识、技能、操作规程、安全法规等，考核成绩记入员工档案。

3）对新技术、新工艺、新设备和岗位变动的，要进行专项安全教育培训方可上岗。

4）工人进场必须进行岗位安全三级教育，即必须进行分公司一级、项目二级、班组三级安全教育。

新进场的工人队组，首先由公司劳资部门牵头，质量安全部门讲授安全生产常识和技术要求，治安由保卫部门负责，道德教育由工会负责，教育后办理签字手续。

由项目经理部进行安全技术教育，具体由项目经理负责，教育后办理签字手续。

班组这一级教育，由主管工长具体负责，教育内容为事故教训及本工种的工作环境，教育后办理签字手续。

6.3　环　境　管　理

6.3.1　制订环境管理计划

为节约能源资源，保护环境，创建整洁文明的施工现场，保障施工人员的身体健康和生命安全，改善建设工程施工现场的工作环境与生活条件。施工企业和施工现场需要制订环境管理计划，环境管理计划是保证实现项目施工环境目标的管理计划。

一般来讲，应根据建筑工程各阶段的特点，依据分部（分项）工程进行环境因素的识别和评价，并制定相应的管理目标、控制措施和应急预案等。

首先，成立以项目经理为首的环境保护小组，明确各岗位的职责和权限，组织所有参与体系的人员进行相应的学习和培训，提高环境保护意识，充分认识这是利国利民的重要工作，并掌握相关的知识和技能，自觉地严格执行国家及地方有关环保的方针、政策、法规和法令。其次，根据项目重要环境因素，确定项目环境管理目标，配备相应的环保设施，制定相关的管理制度和措施等。

施工现场影响环保的污染源主要有扬尘、垃圾、污水、噪声和固体废物等，下面介绍一些防治措施。

6.3.2　空气污染防治措施

（1）运输土方、垃圾和散装粒料，要采取有效措施，防止散落、飞扬和流淌，并随时采取相应的清洁措施，防止扬尘污染空气。

（2）对施工作业中产生的扬尘，如填土方、散装颗粒材料的堆放、建筑垃圾和装饰阶段的清理等，要采取相应措施避免和减少扬尘，例如洒水、覆盖、封闭等。施工现场观测的大气总悬浮颗粒物（PSP），月平均浓度与城市值相比，不大于 0.08ml/m^3。

（3）除设有符合规定的装置外，禁止在施工现场焚烧油毡、橡胶、塑料、皮毛、包装废弃物和其他会产生有毒、有害烟尘和恶臭气体的物质。

6.3.3　污水防治措施

（1）施工现场污水排放，应达到《污水综合排放标准》（GB 8978—1996）的要求，并委托有资质的单位进行检测、提供检测报告。

（2）针对不同的污水、设置相应的处理设施，如沉淀池、隔油池、化粪池等。

（3）保护地下水环境，避免地下水受到污染。

（4）对化学用品、外加剂和油料等特殊物品，要妥善储存和保管，防止遗漏污染环境。

6.3.4　噪声防控措施

凡是对人的生活和工作造成不良影响的声音，皆称为噪声。施工现场对噪声，要进行实时监测和控制，监测方法执行《建筑施工场界环境噪声排放标准》（GB 12523—2011）。

尽量采用低噪声设备和工艺，在声源处安装消声设施。从声源处进行控制。此外，还要从传播途径上进行控制。例如，采用吸声材料，采取隔声措施，利用消声器阻止噪声传播，通过降低振动措施减小噪声等。

严格控制人为噪声，如高声喊叫、甩打模板、使用高喇叭等。同时，严格控制强噪声的作业时间，一般晚上十时到次日早上六时，停止强噪声作业。最大限度减少噪声扰民。

延伸阅读：《污水综合排放标准》（GB 8978—1996）

《建筑施工场界环境噪声排放标准》（GB 12523—2011）

6.3.5　固体废物的处理

建筑工地上常见的固体废物有建筑渣土、废弃的散装建筑材料，如水泥、石灰等；生活垃圾、废弃的包装材料等。对固体废物的处理一般有以下方式：

（1）回收利用。这是对固体废物进行资源化、减量化的重要手段之一，是首要考虑的处理方式。

（2）减量化处理：对固体废物进行分选、破碎、压实、脱水填埋或焚烧、堆肥等，由专业的废物处理单位进行。

（3）尽量使需要处理的废物与周围生产环境隔离，注意废物处理的稳定性和长期安全性。

6.4　文明施工管理

文明施工是一个企业的窗口，是企业风貌好坏的具体反映。因此，实行文明施工是一个企业必不可少的课题，是在竞争市场中站稳脚跟的基础。

延伸阅读：《建筑施工安全检查标准》（JGJ 59—2011）

6.4.1　建立和健全文明施工保证体系

项目经理部要成立文明领导小组，制定详细的文明施工责任制度，严格按《建筑施工安全检查标准》（JGJ 59—2011）的要求执行，把文明施工作为日常工作常抓不懈。文明施工管理机构及运行程序如图6.4所示。

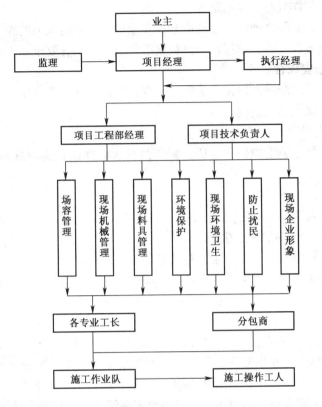

图 6.4　文明施工管理机构及运行程序

6.4.2　施工现场的文明施工管理

（1）整个施工现场用砖砌临时围墙围起来，在围墙上悬挂相应的文明施工标志和企业标志。

（2）采取封闭式管理。建立完善的门卫制度。施工作业人员佩卡上岗。未佩戴工作卡的施工人员和其他人员一律不准进入施工工地。

（3）保持施工场地容貌清洁。

1）施工污水和场地雨水必须有组织排水，污水须经沉砂井沉淀处理后，才允许排至场外指定地点。经常组织人员清理排水设施，以保证排水通畅。

2）除有特殊要求的部位，其他部位做地面硬化处理，创造干净、整洁的施工环境。

3）在工地设置吸烟处，吸烟人员必须到吸烟处吸烟。严禁随意吸烟。

4）设立绿化带，种植花草树木，美化施工现场环境。

5）建筑材料、构件、料具等必须按总平面布局堆放，并且悬挂标识牌。施工作业区做到工完场清，多余材料和建筑垃圾运到指定地点整齐堆放。

6）易燃易爆物品设立专用堆放场地，并且该场地与施工作业和人员活动场地满足安全距离。

6.4.3　做好施工现场标牌管理

（1）在施工现场大门口悬挂"七牌一图"。

（2）各种标牌制作规范，张贴整齐。

（3）在上、下班必经之地和作业场所悬挂安全标语，提高工人的安全意识。

（4）在现场设置宣传栏、读报栏、黑板报等设施，其内容要定期更换。

6.4.4 加强治安综合管理

（1）建立安全消防制度，加强安全防火教育，配置足够的消防器材。

（2）建立治安保卫巡逻制度。

6.4.5 加强生活设施管理

（1）在生活区修建卫生的公共厕所，厕所的污水必须经化粪池处理才允许排入公共下水道。

（2）建立健全卫生责任制。

（3）提供给工人的饮用水必须从当地的卫生饮用水源接到。

（4）施工现场设公共浴室，浴室必须是淋浴。

（5）生活垃圾集中堆放于垃圾池，并且定期清运出去。

（6）整个生活区的公共卫生设专人负责，以保持生活区经常清洁、干净。

（7）加强防疫防除"四害"的工作。清除蚊、蝇、鼠、蟑等病媒生物，创造干净、整洁的生活环境。

（8）加强文明卫生管理。

生活区与施工作业区互相分开，不允许在施工作业区住人。生活区设保安卫生人员，以保证生活区安全、干净。生活区设置厕所、浴室、饭堂等公共设施。厕所要设专人清扫。设置垃圾池，不准乱扔生活垃圾，垃圾池要定期清理，以保证生活区的公共卫生。同时，公司卫生所定期到工地进行医疗门诊及做好施工现场的除"四害"工作。

6.4.6 做好保健急救工作

（1）在施工现场设医务室，安排专职卫生员。

（2）医务室必须配备常用的急救医疗器材和药品。

（3）积极开展卫生防病宣传教育。

（4）在高温天气向工人提供防暑降温饮品。

6.5 职业健康安全与环境应急预案

职业健康安全与环境管理体系，除常规的管理体制以外，还拥有一套应急的机制和手段，在项目策划阶段，对特定潜在的事件或突发事故，采取应急措施和安排，避免突发事故产生时的混乱，最大限度地预防和减少事故对环境和职业健康安全造成的危害和影响。

6.5.1 应急预案主要内容

（1）除掌握和反映工程项目基本概况外，重点关注工程的特点、难点；新材料、新工艺的应用；是否有超大、超高、超深和超常规等特殊部位（件）。

（2）工程合同对安全、环境的要求，包括地方和社会的特殊要求；周边的交通情况、当地的救援机构和消防队、医院等。

（3）施工现场的仓库、油库、配电室和易燃的木质房，以及消防通道、消防设施等。

（4）关注对环境和职业健康风险较大的施工工艺可能产生潜在事故。

（5）可能发生的潜在事件和突发情况。

重点针对紧急情况下的环境因素和危险源，识别各种不同条件下可能发生的环境和职业健康安全事件和紧急情况及其带来的风险，并对风险进行评估，制定相应的措施，严加防范。特别要避免事故扩大和对救援人员的伤害，将事故损失降到最低。

6.5.2　应急准备

1. 组织机构和人员准备

（1）项目经理部成立生产安全和环境事故应急小组如图 6.5 所示。

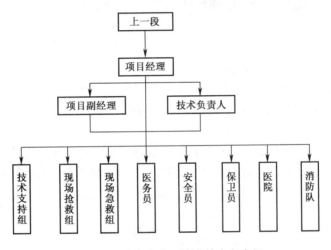

图 6.5　生产安全和环境事故应急小组

（2）应急小组相关人员职责。

1）项目经理是项目环境和职业健康安全应急小组第一负责人，统筹和指挥一切事件，项目副经理和技术负责人协助。

2）医务员、安全员和保卫是该机制的常设人员。

3）成立以医务员为中心，以班组兼职卫生员为骨干的现场急救小组，对突发事故进行现场急救处理，或将伤员运送医院救治。

4）成立熟悉施工现场各种抢险作业的兼职现场抢险队，骨干队员应有 10~20 人，平时要抓好演习和培训，遇在突发事故时，在项目经理的率领下，及时抢险处置各种事故。

2. 物质和设备准备

现场储备的应急救援物质和设备，非特殊情况不能动用，完期检查，随时补充。对于场外相关单位的应急物质和设备，应与相关单位经常沟通、联系。

6.5.3　应急预案注意事项

（1）千方百计防止事故扩大，或二次污染及伤害，减少人员伤亡和财产损失，把抢救人员放在第一位。

（2）严禁救护过程中的违章指挥和冒险作业，避免抢救中产生伤亡。

（3）保护事故现场。

（4）现场急救主要针对施工现场高空坠落、物体打击、坍塌事故、触电事故、机械事故、火灾事故、中毒中暑、化学品泄漏等。伤害的形式多为烧伤、烫伤、中毒、中暑、出血、骨折、休克、颅脑损伤、内脏操作、肢体断裂、呼吸及心搏骤停等；在外部救援人员未到达时，对受伤者进行及时必要的抢救。

6.5.4　应急预案的实施和演练

发生事故后，严格执行应急预案。负伤人员或最先发现事故的人员应立即报告项目管理人员和报告项目经理。要抓紧组织抢救伤员（或打 120 急救电话）和排除险情，制止事故蔓延扩大。为了事故调查分析需要，要保护好事故现场。因抢救伤员和排险，而必须移动现场物件时，要做好标记。由项目经理拟写一份事故书面报告立即上报上级领导部门。报告的内容主要包括以下内容：

（1）发生的时间、地点。

（2）事故的简要经过、伤亡情况和损失情况。

（3）事故发生原因的初步判断。

（4）事故发生后采取的措施及事故控制的情况。

（5）项目落款。

事故发生后，所有项目人员要积极配合上级领导部门调查事故原因，坚持事故原因分析不清楚不放过、责任人没有收到处罚不放过、肇事者和群众没有受到教育不放过、没有制定防范措施不放过的"四不放过"原则，尽快处理好事故，防止事故再次发生。

本 章 小 结

通过本章学习，认识到职业健康安全与环境保护的深远意义和巨大作用；了解施工现场的安全管理目标及管理措施；掌握施工现场影响环境的污染源及防范措施，对职业健康安全与环境应急预案有初步的认识。

思 考 题

6.1　简述工程项目安全的特点。

6.2　如何制定安全管理措施？

6.3　安全检查与教育包括哪些方面的内容？

6.4　施工现场文明施工管理的要求有哪些？

6.5　施工现场有哪些影响环境保护的污染源？

6.6　简述一般应急预案的编制内容。

知识链接

1. 职业健康安全管理体系（ISO 45001：2018）

2. 推行原因

积极推行《职业健康安全管理体系》（ISO 45001：2018）认证的必要性和急迫性。

（1）我国安全生产形势严峻。随着我国经济的高速发展，我国安全生产形势日趋严峻，各类伤亡事故的总量较大，一直居高不下，特大、重大事故频繁发生，职业病患者也逐步增多。

（2）我国加快了职业安全健康立法步伐，对企业安全生产的要求越来越严。

（3）"以人为本，关注员工健康和安全"日益成为现代企业的重要标志和良好形象。

延伸阅读：

《职业健康安全
管理体系》

（ISO 45001：2018）

《职业健康安全管理
体系审核规范》

实训 1 图 纸 会 审

图纸会审是施工前期的主要技术工作之一，因此，各单位工程施工前，企业技术领导应组织参加该工程项目的技术人员和相关部门认真看图、熟悉施工图，了解工程情况和图纸设计中的错误、矛盾、交代不清楚、设计不合理等问题，尽可能把这些问题及时提出，解决在施工作业之前。

（1）图纸会审的定义。图纸会审是指在工程项目施工前，建设单位组织施工、监理、设计、设备供货等相关单位，在收到审查合格的施工图设计文件后，在设计交底前进行的全面细致熟悉和审查施工图纸的活动。

（2）图纸会审的目的。一是使施工单位和各参建单位熟悉设计图纸，了解工程特点和设计意图，找出需要解决的技术难题，并制订解决方案；二是为了解决图纸中存在的问题，减少图纸的差错，将图纸中的质量隐患消灭在萌芽之中。

（3）图纸会审会议由业主或监理主持，主持单位应做好会议记录及参加人员签字。

（4）图纸会审的程序。图纸会审应开工前进行。若施工图纸在开工前未全部到齐，可先进行分部工程图纸会审。

1）图纸会审的一般程序：业主或监理方主持人发言→设计方图纸交底→施工方、监理方代表提问题→逐条研究→形成会审记录文件→签字、盖章后生效。

2）图纸会审前必须组织预审。阅图中发现的问题应归纳汇总，会上派一代表为主发言，其他人可视情况适当解释、补充。

3）施工方及设计方专人对提出和解答的问题做好记录，以便查核。

4）整理成为图纸会审记录，由各方代表签字盖章认可。

（5）参加图纸会审的单位。图纸会审由监理单位负责组织，施工、建设、设计单位等参加。

（6）图纸会审人员。

1）建设方：现场负责人员及其他技术人员。

2）设计方：设计院总工程师、项目负责人及各个专业设计负责人。

3）监理方：项目总监及各个专业监理工程师。

4）施工单位：项目经理、项目副经理、项目总工程师及各个专业技术负责人。

5）其他相关单位：技术负责人。

（7）图纸会审时间控制。设计图纸分发后三个工作日内由监理负责组织业主、设计、监理、施工单位及其他相关单位进行设计交底。设计交底后十五个工作日内由监理负责组织上述单位进行图纸会审。

图纸会审前，施工单位、监理所单位及其他各个专业的工程技术人员针对自己发现的问题或对图纸的优化建议以文字性汇报材料分发会审人员讨论。

（8）图纸会审可采用全部图纸集中会审、分部图纸会审、分阶段图纸会审及分专业图纸会审，具体会审形式由监理确定。

（9）图纸会审每个单位提出的问题或优化建议在会审会议上必须经过讨论作出明确结论；对需要再次讨论的问题，在会审记录上明确最终答复日期。

（10）图纸会审记录由施工单位负责整理并分发各个相关单位执行、归档。

（11）作废的图纸设计以书面形式通知，各个施工单位自行处理，不得影响施工。

（12）图纸会审的内容。

1）施工图的设计是否符合国家有关技术规范。

2）图纸及设计说明是否完整、齐全、清楚；图纸中的尺寸、坐标、轴线、标高、各种管线和道路的交叉连接点是否准确；一套图纸前、后各图纸及建筑与结构施工图是否吻合一致；地下与地上的设计是否有矛盾。

3）施工单位技术准备条件能否满足工程设计要求；采用新结构、新工艺、新技术或工程的工艺设计与使用的功能要求，对土建施工、设备安装、管道、动力、电器安装，在要求采取特殊技术措施时，施工单位在技术上有无困难，是否能确保施工质量和施工安全。

4）设计中所选用的各种材料、配件、构件（包括特殊的、新型的），在组织采购时，其品种规格、性能、质量、数量等方面能否满足设计规定的要求。

5）对设计中不明确或疑问处，请设计人员解释清楚。

6）图纸中的其他问题，并提出合理化建议。

（13）图纸会审方法。图纸会审工作首先应熟悉施工图，如建筑平面图、建筑立面图、建筑剖面图、建筑详图、结构施工图、设备图等。

（14）会审图纸综合归纳常见问题如下：

尺寸、标高是否一致；水、电、设备安装专业图之间、图号之间是否有矛盾；预留洞、预埋件是否错漏；构造作法是否交代清楚；材料选用是否合理，设计是否能满足质量要求；基础、地沟等是否相碰；建筑图与结构图是否一致；标准图、详图是否正确；顶棚、墙面、墙裙、踢脚线、地面等装修做法是否协调；门窗、构件的尺寸、规格、数量是否相符等。

（15）熟悉图纸的方法及要领。

1）先精后细。先看平面图，立面图，剖面图，对整个工程有个了解，对总长、宽尺寸，轴线尺寸、标高、层高、总高有个大体的印象。然后看细部做法，核对总尺寸与细部尺寸、位置、标高是否相符，门窗表中的门窗型号、规格、形状、数量是否与结构相符等。

2）先小后大。首先看小样图再看大样图，核对在平、立、剖面图中标注的细部做法与大样图的做法是否相符；所采用的标准构配件图集编号、类型、型号与设计图纸钉无矛盾；索引符号是否存在漏标；大样图是否齐全等。

3）先建筑后结构。就是先看建筑图，后看结构图；并把建筑图与结构图相互对照，核对其轴线尺寸、标高是否相符，有无矛盾，核对有无遗漏尺寸，有无构造不合理之处。

4）先一般后特殊。应先看一般的部位和要求，后看特殊的部位和要求。特殊部位一般包括地基处理方法，变形缝的设置，防水处理要求以及抗震、防火、保温、隔热、隔声、防尘、特殊装修等技术要求。

5）图纸与说明相结合。要在看图纸时对照设计总说明和图中的细部说明，核对图纸和说明有无矛盾，规定是否明确，要求是否可行，做法是否合理等。

6）土建与安装相结合。当看土建图时，应有针对性地看一些安装图，并核对与土建有关的安装图有无矛盾，预埋件、预留洞、槽的位置和尺寸是否一致，了解安装对土建的要求，以便考虑在施工中的协作问题。

7）图纸要求与实际情况相结合。核对图纸有无不切合实际之处，如建筑物相对位置、场地标高、地质情况等是否与设计图纸相符；对一些特殊的施工工艺施工单位能否做到等。为了做好设计图纸的会审工作、提高设计图纸的质量，应尽量减少在施工过程中发现设计图存在的问题。

（16）工作中应注意的事项。

1）施工单位应以谦虚、配合、学习、和谐的态度参加图纸会审会议。根据建设单位、设计单位、监理公司的组织能力和协调能力提供必要的服务，保证图纸会审圆满完成。

2）图纸会审记录是施工文件的组成部分，与施工图具有同等效力，所以图纸会审记录的管理办法和发放范围同施工图的管理办法和发放范围，并认真实施。

图纸会审签到表

工程名称		会审时间	年　月　日	
会审内容		会审地点		
建设单位				
参加人员（签字）				
设计单位				
参加人员（签字）				
监理单位				
参加人员（签字）				
施工单位				
参加人员（签字）				
主持人		记录人		
建设单位	设计单位	监理单位	施工单位	
盖章	盖章	盖章	盖章	

图纸会审记录

编号

工程名称				
专业名称			会审日期	年 月 日
序号	图号	提出问题		会审意见

建设单位（公章）	监理单位（公章）	设计单位（公章）	施工单位（公章）
项目负责人：	总监理工程师：（签章）	项目负责人：（签章）	项目负责人：（签章）
项目专业负责人：	专业监理工程师：	项目专业技术负责人：	项目专业负责人：

广西建设工程质量安全监督总站编制

实训 2 施 工 日 志

施工日志是指单位工程在施工中按日填写的有关施工活动的综合原始记录，是施工员的重要工作内容之一。其目的是积累施工中有关施工活动情况。

一、施工日记的内容

施工日记的内容可分为五类，即基本内容、工作内容、检验内容、检查内容、其他内容。

（一）基本内容

（1）日期、星期、气象、平均温度。平均温度可记为××～××℃，气象按上午和下午分别记录。

（2）施工部位。施工部位应将分部、分项工程名称和轴线、楼层等写清楚。

（3）出勤人数、操作负责人。出勤人数一定要分工种记录，并记录工人的总人数。

（二）工作内容

（1）当日施工内容及实际完成情况。

（2）施工现场有关会议的主要内容。

（3）有关领导、主管部门或各种检查组对工程施工技术、质量、安全方面的检查意见和决定。

（4）建设单位、监理单位对工程施工提出的技术、质量要求、意见及采纳实施情况。

（三）检验内容

（1）隐蔽工程验收情况。应写明隐蔽的内容、楼层、轴线、分项工程、验收人员、验收结论等。

（2）试块制作情况。应写明试块名称、楼层、轴线、试块组数。

（3）材料进场、送检情况。应写明批号、数量、生产厂家以及进场材料的验收情况，以后补上送检后的检验结果。

（四）检查内容

（1）质量检查情况。当日混凝浇筑及成型、钢筋安装及焊接、砖砌体、模板安拆、抹灰、屋面工程、楼地面工程、装饰工程等的质量检查和处理记录；混凝土养护记录，砂浆、混凝土外加剂掺用量；质量事故原因及处理方法，质量事故处理后的效果验证。

（2）安全检查情况及安全隐患处理（纠正）情况。

（3）其他检查情况，如文明施工及场容场貌管理情况等。

（五）其他内容

（1）设计变更、技术核定通知及执行情况。

（2）施工任务交底、技术交底、安全技术交底情况。

（3）停电、停水、停工情况。

（4）施工机械故障及处理情况。

（5）冬雨季施工准备及措施执行情况。

（6）施工中涉及的特殊措施和施工方法、新技术、新材料的推广使用情况。

二、填写过程中注意细节

（1）书写时一定要字迹工整、清晰，最好用仿宋体或楷体书写。

（2）当日的主要施工内容一定要与施工部位相对应。

（3）养护记录要详细，应包括养护部位、养护方法、养护次数、养护人员、养护结果等。

（4）焊接记录也要详细记录，应包括焊接部位、焊接方式（电弧焊、电渣压力焊、搭接双面焊、搭接单面焊等）、焊接电流、焊条（剂）牌号及规格、焊接人员、焊接数量、检查结果、检查人员等。

（5）其他检查记录一定要具体详细，不能泛泛而谈。

（6）停水、停电一定要记录清楚起止时间，停水、停电时正在进行什么工作，是否造成损失。

【任务与目标】

1. 任务

将建筑设备安装工程当日的施工活动填入施工日志。

2. 目标

（1）熟悉施工日志的内容。

（2）能根据当日施工情况正确填写施工日志。

【背景资料】

安装工程当日的主要施工活动如下：

（1）当日安装所需的照明灯具没有到场。

（2）一至二层洗手盆和浴盆开始安装，照明系统开始安装风扇。

（3）收到工程部关于加强工程质量和安全工作的通知。

（4）监理工程师组织召开了各专业协调会议，了解各专业的施工进度情况，并确定调试的时间及各专业的配合，以及竣工验收资料的准备等。

（5）质量检查员进行质量检查时发现同一房间相同型号并列安装的开关高度不一致，偏差太大。解决方法是及时与装修及土建专业联系，以书面形式确定各场所的装饰标高基准线，电工班组进行线管及线盒安装时，必须采用水平尺及水平连通器找好水平，安装时确保同一类别开关安装标高一致。

（6）施工当日有一名工人进行电气安装时从梯子上摔下，造成骨折。

【场景与注意事项】

1. 场景

虚拟建筑设备工程施工项目部。分成若干小组，每组由扮演施工单位的施工员组成，共同讨论完成。

2. 注意事项

（1）提前熟悉背景资料中的相关内容。

（2）要积极参与、认真完成训练任务。

（3）训练时不能大声喧哗。

【行动导向与成果资料】

1. 行动导向

（1）熟悉背景资料。

（2）施工员填写监理内容及主要记事。

（3）指导教师根据每组训练表现情况进行点评。

（4）指导教师根据学生训练过程中的表现和完成训练成果情况，评定和记载学生训练项目的成绩。

2. 提交成果资料

施工日志

编号：

日期	年 月 日	星期		天气		温度	
施工部位				出勤人数			

当日施工内容：

设计变更或技术核定	
技术交底	
隐蔽工程验收	
试块制作	
材料进场、送检情况	
质量情况	
安全情况	
其他	

专业工长：

广西建设工程质量安全监督总站编制

实训 3　隐蔽工程验收

一、隐蔽工程定义

上道工序被下道工序所掩盖，其自身质量无法再进行检查的工程。

二、程序

报验—验收—签证—专业会签—隐蔽

三、主要隐蔽填写内容

1. 结构主体施工阶段

1.1　建筑底层埋地敷设的给水、排水管道隐蔽。检查内容：管材、管件的规格、质量；管沟底夯实和管道敷设的位置、标高、坡度；管道的连接接口和防腐质量；给水管道水压试验，排水管道灌水试验情况。

1.2　楼层中沿墙暗敷设的给水管道隐蔽。检查内容：管材管件的规格、质量；管道敷设、固定、连接接口质量；管道的甩口位置；管道的保护层厚度（管槽深度）；管道的水压试验情况。

1.3　管道穿墙防水套管预埋隐蔽。检查内容：形式、规格；防腐、密封。

1.4　楼层现浇混凝土墙、楼板内电气配管及箱、盒预埋隐蔽。检查内容：管材的规格、质量；配管的回路、走向布置；配管连接及配管与箱、盒连接；配管的接地及防腐；配管的抹层保护及管口封闭保护；箱、盒的标高、位置。

1.5　楼层砌体内电气暗配管及配电箱壳体、接线盒预埋隐蔽。检查内容除同 1.4 外，剔槽配管还应检查抹灰保护层的深度。

1.6　主体结构内暗设避雷、接地装置，保护接地、等电位联结隐蔽。第一种情况，沿墙敷设引下线，室外埋设接地装置。检查内容：引下线的组数、两组之间最大间距；引下线的规格、镀锌质量、连接焊接质量；断接卡子设置位置、标高。埋设接地装置的隐蔽验收在室外施工阶段进行。第二种情况，利用自然接地体做避雷、接地装置。检查内容：做引下线的柱筋与基础主钢筋电气跨接情况；柱筋引下线的组数，测试点（预留铁件）的位置；高层建筑均压环敷设及与引下线连接；金属门窗、构件设备的避雷连接（预留铁件）。第三种情况，暗设保护接地、等电位连接。检查内容：接地线的规格、镀锌质量；接地线的走向布置及与接地装置的连接；接地线的连接、焊接质量。

2. 装饰施工阶段

2.1　楼层中沿地面内暗敷设的给水、采暖管道隐蔽。检查内容除同 1.2 外，还应着重检查管道的走向布置；敷设管道的地面结构层、保温层情况；管道穿墙部位墙体的密封防水及管道相互交叉部位的处理。

2.2　楼层地面内的电气暗配管及灯具、吊扇固定吊杆、吊钩预埋隐蔽。检查内容除同 1.4 外，还应检查灯具、吊扇固定吊杆、吊钩及接线盒的设置；检查配管跨变形缝部位是否进行补偿保护；塑料配管应着重检查有无扁折、破损。

2.3 导线、电缆穿管或沿汇线槽敷设隐蔽。检查内容：线、缆的型号、规格及外观质量；线、缆接头连接质量；线、缆的绝缘有无损伤；有关的测试、试验情况。

2.4 管道沟内敷设的采暖管道及其他管道隐蔽，检查内容除同 1.1 所述外，还应检查管道支架设置和保温质量。

2.5 吊顶内各种管道、电气管线及嵌入式灯具隐蔽。检查内容：管道、线路的规格、材质；管道、线路的走向、布置、相互之间的间距；管道的连接、接口、支吊架设置、保温质量；电气管线的敷设、接地；嵌入式灯具的安装固定；有关测试、试验情况。

3. 室外施工阶段

3.1 室外埋地敷设排水管道及其他管道的隐蔽。检查内容除同 1.1 所述外，还应检查化粪池管道进出口的高差及防漂浮物管件的设置。

3.2 室外接地装置安装。检查内容：接地装置的组数和设置位置、埋设深度；接地极、接地母线的规格、镀锌质量、连接焊接质量。

【背景资料】

某公寓楼工程已经完成以下安装工作：

1. 底层给水、排水管道的埋地敷设。
2. 底层卫生间给水管沿墙暗敷设。
3. 二层避雷、接地装置。
4. 二层楼板内电气配管预埋。

【问题】

对以上已完成工作进行隐蔽验收，并分别填写隐蔽工程检查验收记录。

隐蔽工程检查验收记录

工程名称：　　　　　　　　　　　　　　　　编号：

施工单位		被隐蔽工程所属检验批名称				
		覆盖物检验批名称				
隐蔽部位		施工时间	自		年　　月　　日	
			至		年　　月　　日	
隐藏内容及要求	（隐藏什么，是否符合设计及规范要求）					
隐藏原因	（隐藏内容被什么所覆盖）					
签字栏	建设（监理）单位		施工单位			
			专业技术负责人	专业质量员		专业工长

广西建设工程质量安全监督总站编制

实训 4　检验批质量验收记录填写

一、建筑工程检验批质量验收记录填写内容与要求

检验批由监理工程师或建设单位项目技术负责人组织项目专业质量检查员等进行验收，表的名称应在制定专用表格时就印好，前边印上分项工程名称。表的名称下边注上质量验收规范的编号。

（一）表的名称及编号

检验批表的编号按全部施工质量验收规范系列的分部分项、子分部工程统一为 9 位数的数码编号，写在表的右上角，前 6 位数字均印在表上，后留 3 个□，检查验收时填写检验批的顺序号，其编号规则如下：

前边两个数字是分部工程代码。

第 3、第 4 位数字是子分部工程的代码。

第 5、第 6 位数字是分项工程代码。

第 7、第 8 位数字是各分项工程检验批验收的顺序号。

（二）表头部分的填写

（1）检验批表编号的填写，在 3 个方框内填写检验批序号。

（2）单位（子单位）名称，按合同文件上的单位工程名称填写，子单位工程标出该部分的位置。

（3）施工执行标准名称及编号。

（三）质量验收规范的规定栏

质量验收规范规定填写的具体质量要求，在制表时就已填写好验收规范中主控项目、一般项目的全部内容。

（四）主控项目、一般项目施工单位检查评定记录

（1）对定量项目直接填写检查的数据。

（2）对定性项目，符合规范规定时，打"√"；不符合规范规定时，打"×"。

（3）有混凝土、砂浆强度等级的检验批，按规定制取试件后，可填写试件编号，待试件试验报告出来后，对检验批进行判定，并在分项工程验收时进一步进行强度评定及验收。

（4）对既有定性又有定量的项目，各个子项目质量均符合规范规定时，打"√"；否则打"×"。无此项内容的打"/"。

（5）对一般项目合格点有要求的项目，应是其中带有数据的定量项目；定性项目必须基本达到。定量项目中每个项目必须有 80% 以上（混凝土保护层为 90%）检测点的实测数值达到规范规定。

"施工单位检查评定记录"栏的填写，有数据的项目，将实测数据填入表格，超企业标准的数字，而没有超过国家验收规范的用"○"将其圈住；对超过国家验收规范的用

"△"将其圈住。

（五）监理（建设）单位验收记录

通常监理人员应进行平行、旁站或巡回的方法进行监理，在施工过程中，对施工质量进行查看和测量，并参加施工单位的重要项目的检测。

（六）施工单位检查评定结果

施工单位自行检查评定合格后，应注明"主控项目全部符合要求，一般项目满足规范要求，本检验批符合要求。"

"专业工长（施工员）和施工班组长"栏由本人签字，以示承担责任。

（七）监理（建设）单位验收结论

主控项目、一般项目验收合格，混凝土、砂浆试件强度待试验报告出来后判定，其余项目如全部验收合格，注明"同意验收"，由专业监理工程师、建设单位的专业技术负责人签字。

二、施工及质量验收表格

施工现场质量管理检查记录

GB 50300—2013　　　　　　　　　　　　　　　　　桂建质（综合类）01

工程名称			施工许可证号	
建设单位			项目负责人	
设计单位			项目负责人	
监理单位			总监理工程师	
施工单位		项目负责人	项目技术负责人	
序号	项　　　目		主　要　内　容	
1	项目部质量管理体系			
2	现场质量责任制			
3	主要专业工种操作上岗证书			
4	分包单位管理制度			
5	图纸会审记录			
6	地质勘查资料			
7	施工技术标准			
8	施工组织设计、施工方案编制及审批			
9	物质采购管理制度			
10	施工设施和机械设备管理制度			
11	计量设备配备			
12	检测试验管理制度			
13	工程质量检查验收制度			
自检结果：			检查结论：	
施工单位项目负责人：　　　年　月　日			总理工程师：　　　年　月　日	

检验批现场验收检查原始记录

共 页 第 页

单位（子单位）工程名称					
检查工具					
检验批名称				检验批编号	
编号	验收项目	验收部位	验收情况记录		备注
检查人员签名	专业监理工程师： 专业工长：		专业质量检查员： 记录人：		

检查日期：　　　　　　　　年　　月　　日

室内雨水管道及配件安装检验批质量验收记录

GB 50242—2002　　　　　　　　　　　　　　　　　　桂建质 050201□□□ （一）

单位（子单位）工程名称			分部（子分部）工程名称	建筑给水排水及供暖/室内排水系统	分项工程名称	雨水管道及配件安装
施工单位			项目负责人		检验批容量	
分包单位			分包单位项目负责人		检验批部位	
施工依据		建筑给水排水及供暖施工方案		验收依据	《建筑给水排水及采暖工程质量验收规范（GB 50242—2002）》	

		验收项目	设计要求及规范规定		最小/实际抽样数量	检查记录	检查结果
主控项目	1	灌水试验	雨水管道安装后做灌水试验，灌水高度必须到每根立管上部的雨水斗	灌水试验持续 1 小时，不渗不漏	/		
	2	塑料管伸缩节	安装符合设计要求	对照图纸检查	/		
	3	雨水管的最小坡度	悬吊式	≥5‰。	水平尺，拉线尽量	/	
			地下埋设	见附表			
一般项目	1	雨水管道不得与污水管道相连		观察检查	/		
	2	雨水斗安装	连接固定在屋面承重结构上，边缘与屋面相连处严密不漏	观察和尺量检查	/		
			设计无要求连接管径	≥100mm		/	

续表

单位 （子单位） 工程名称					分部（子分部） 工程名称	建筑给水排水及 供暖/室内排水系统	分项工程名称	雨水管道及 配件安装
一般项目	3	悬吊管直径	≤150mm	检查口间距	≤15m	拉线、尺量检查	/	
			≥200mm		≤20m		/	
	4 钢管管道焊口允许偏差	焊口平直度	管壁厚10mm以内	管壁厚1/4		焊接检查尺和游标卡尺检查		
		焊缝加强面	高度	+1mm				
			宽度					
		咬边	深度	<0.5mm		直尺检查	/	
			长度	连续长度	25mm		/	
				总长度（两侧）	<焊缝长度的10%		/	
施工单位检查结果						专业工长： 项目专业质量检查员： 年　月　日		
监理（建设）单位验收结论						专业监理工程师： 建设单位项目专业技术负责人： 年　月　日		

卫生器具安装检验批质量验收记录

GB 50242—2002

桂建质 050401□

单位（子单位）工程名称				分部（子分部）工程名称	建筑给水排水及供暖/卫生器具	分项工程名称	卫生器具安装
施工单位				项目负责人		检验批容量	
分包单位				分包单位项目负责人		检验批部位	
施工依据			建筑给水排水及供暖施工方案		验收依据	《建筑给水排水及采暖工程质量验收规范》（GB 50242—2002）	

		验收项目		设计要求及规范规定		最小/实际抽样数量	检查记录	检查结果
主控项目	1	排水栓和地漏安装		平正、牢固，低于排水表面，周边无渗漏	试水观察检查	/		
				地漏水封高度≥50mm		/		
	2	满水和通水试验		交工前做满水和通水试验	满水后各连接件不渗不漏；通水试验给、排水畅通	/		
一般项目	1 卫生器具允许偏差	坐标	单独器具	10mm	拉线、吊线和尺量检查	/		
			成排器具	5mm		/		
		标高	单独器具	±15mm		/		
			成排器具	±10mm		/		
		器具水平度		2mm	水平尺和尺量检查	/		
		器具垂直度		3mm	吊线和尺量检查	/		
	2	饰面浴盆		留有通向浴盆排水口的检修门	观察检查	/		
	3	小便槽	冲洗管	采用镀锌钢管或硬质塑料管		/		
			冲洗孔	向下安装，冲洗水流同墙面成45°角。镀锌钢管钻孔后应进行二次镀锌		/		
	4	卫生器具支、托架		防腐良好，安装平整、牢固，与器具接触紧密、平稳	观察和手扳检查	/		

续表

单位 （子单位） 工程名称			分部（子分部） 工程名称	建筑给水排水 及供暖/卫生器具	分项工程 名称	卫生 器具 安装
施工 单位 检查 结果	专业工长： 项目专业质量检查员： 年　　月　　日					
监理 （建设） 单位 验收 结论	专业监理工程师： 建设单位项目专业技术负责人： 年　　月　　日					

实训 5　单位工程施工组织设计

一、实训教学目的与基本要求

"建筑设备安装工程施工组织与管理"课程要求学生掌握设备安装工程施工组织编制程序和方法，能够灵活确定施工方案，合理制订进度计划，有针对性地确定技术组织措施。通过本设计，将课程中的理论基础与工程实际紧密结合，使同学们进一步熟悉安装工程项目施工组织设计的内容和方法，掌握安装工程施工方案的编制，掌握安装工程进度计划的确定和横道图的编制，掌握工程项目中各项资源需要量计划的编制。

二、实训教学的内容、任务和条件

（一）工程条件

1. 工程名称及规模

详见施工图纸。

2. 工期要求

土建主体工期 20××年 3 月初至 20××年 3 月底，确保在 20××年 8 月底竣工，安装工程从 20××年 4 月初开始。

（二）实训内容及任务

1. 编写目录

根据单位工程施工组织设计编写程序编制安装工程施工组织设计的目录。

2. 编写工程概况

根据该工程建筑安装工程的特点及图纸提供的内容编写基本情况，包括土建和水电工程概况，要求简明扼要，文字通顺。

3. 施工部署

根据该工程建筑安装工程的特点，对该工程项目的安装施工进行组织设计策划：①项目目标确定；②管理组织机构；③工程施工顺序及施工流水段应在施工安排中确定。

4. 确定施工进度

根据给出的分部分项工程量，通过套用建设工程劳动定额计算劳动量；不划分施工段；按照工期要求和劳动量自行确定施工班组人数（队组人数不能超过 15 人，每日的高峰期人数不能超过 35 人），确定各施工过程的持续时间，安排施工进度计划，满足工艺及工期要求；绘制施工进度计划（横道图），本项要求出计算书。

5. 施工准备和资源配置计划

（1）施工准备应包括技术准备、现场准备和资金准备等。

（2）资源需要量计划包括劳动力需要量计划，主要材料、施工机具需要量计划。

6. 主要施工方案

根据所给建筑、水电设计图纸提供的信息和设计说明，确定建筑给水排水、建筑电气等分部工程的施工工序及施工方法，选择合理的施工技术方案，内容包括确定施工流向、施工工艺等。

7. 主要管理计划

确定施工技术组织措施及安全措施。

三、实训时间安排、地点

时间	设计内容
星期一	根据给出的分部分项工程量，套用劳动定额计算劳动量
星期二	编写目录与工程概况，确定施工部署及组织机构
星期三	编制施工进度计划，编制资源供应计划
星期四	编写施工方案和施工方法
星期五	确定施工组织与安全措施，整理施工组织设计，交设计

四、实训教学的条件

（1）施工图一套。

（2）工程量等相关资料详见附表。

五、成绩考核方式

（1）设计期间须严格遵守学校规章制度，班长考勤，老师抽查。

（2）老师将定期抽查个人的设计进度。

（3）实训成绩分为五个等级：优、良、中、及格、不及格。评定依据有以下几个方面，各占一定比例，由实训指导教师根据学生本人的表现情况评分。

1）实训作业（60%）。

2）实训态度（20%）。

3）实训纪律及考勤情况（20%）。

（4）要求独立完成。

六、有关说明

（1）不分组，学生自己独立完成。

（2）递交成果：要求统一用 A4 信笺编写，字迹工整，手工编制，装订成册。

施工工序一览表

单位（专业）工程名称：

序号	施工工序	合并分项序号	劳动量	队组人数	持续时间	备注

续表

序号	施工工序	合并分项序号	劳动量	队组人数	持续时间	备注

分部分项劳动量计算表

单位（专业）工程名称：

序号	定额编码	分部分项名称	单位	工程量	工日	劳动量	备注

参 考 文 献

[1] 中华人民共和国国家标准.建筑工程施工质量验收统一标准（GB 50300—2013）[S].北京：中国建筑工业出版社，2018.

[2] 中华人民共和国国家行政法规.《建设工程安全生产管理条例》[S].北京：中国建筑工业出版社，2003.

[3] 中华人民共和国国家标准.《建筑业企业资质等级标准》[S].北京：中国建筑工业出版社，2007.

[4] 中华人民共和国国家标准.《质量管理体系要求》（GB/T 19001—2016）[S].北京：中国标准出版社，2016.

[5] 中华人民共和国国家标准.《环境管理体系要求及使用指南》（GB/T 24001—2016）[S].北京：中国标准出版社，2016.

[6] 中华人民共和国国家标准.《建筑施工组织设计规范》（GB/T 50502—2009）[S].北京：中国建筑工业出版社，2009.

[7] 中华人民共和国国家行政法规.《建设工程质量管理条例》[S].北京：中国建筑工业出版社，2019.

[8] 中华人民共和国国家标准.《建设工程工程量清单计价规范》（GB 50500—2013）[S].北京：中国建筑工业出版社，2013.

[9] 建设工程施工合同（GF—2013—0201）.

[10] 中华人民共和国国家标准.《职业健康安全管理体系要求及使用指南》（GB/T 45001—2020）[S].北京：中国标准出版社，2020.

[11] 中华人民共和国国家标准.《建筑施工企业安全生产管理规范》（GB 50656—2011）[S].北京：中国建筑工业出版社，2011.

[12] 中华人民共和国国家标准.《建筑施工安全检查标准》（JGJ 59—2011）[S].北京：中国建筑工业出版社，2011.

[13] 中华人民共和国国家法律.《中华人民共和国建筑法》.

[14] 中华人民共和国国家法律.《中华人民共和国安全生产法》.

[15] 中华人民共和国国家标准.《污水综合排放标准》（GB 8978—2015）[S].北京：中国环境科学出版社出版，2015.

[16] 中华人民共和国国家标准.《建筑施工场界环境噪声排放标准》（GB 12523—2011）[S].北京：中国建筑工业出版社出版，2011.

[17] 张东放，梁吉志.建筑设备安装工程施工组织与管理[M].北京：机械工业出版社，2015.

[18] 刘晓丽，谷莹莹.建筑工程施工组织[M].北京：北京大学出版社，2019.

[19] 鄢维峰.建筑工程施工组织设计[M].2版.北京：北京大学出版社，2019.

[20] 杨静，冯豪.建筑工程施工组织与管理[M].北京：清华大学出版社，2020.